学ぶ人は、
変えて
ゆく人だ。

目の前にある問題はもちろん、
人生の問いや、
社会の課題を自ら見つけ、
挑み続けるために、人は学ぶ。
「学び」で、
少しずつ世界は変えてゆける。
いつでも、どこでも、誰でも、
学ぶことができる世の中へ。

旺文社

JN248090

大学入学
共通テスト
実戦対策問題集

伊藤 和修 著

生物基礎

旺文社

はじめに

「『大学入学共通テスト』では思考力が要求される！」と耳にすることが多いと思います。そんなことを言われると不安になるでしょうし、「そもそも**思考力って何？**」と思うでしょう。

● **思考力はしっかりと理解して定着させた知識の上に成り立ちます。**

⇒ 知識を問う問題も多く出題されますし、そもそも必要な知識をしっかりと理解することが前提となります。本書の基本問題で、必要な知識は万全です！

● **「よく考えよう！」「思考力が大事だ！」では解決しません。**

⇒ 具体的にドコに注目し、どのような手順を踏み、どのような点に注意して…というような、『考える上でのルール、コツ』をマスターすることが重要です。

本書の解説にはそのようなルールやコツを盛り込んであります！ 考察問題を解く上で特に意識してほしいことは次の3点です。

(1) **手を動かす** … 自分でグラフを描いたり、図を描いたり、関係性などのメモをとりましょう。ビジュアル化することで気づくことは多いですよ。

(2) **言い換える** … ちょっとわかりにくい文章やグラフなどは、別の表現に言い換えたり、他の情報に置き換えたりしてみましょう。実はそんなに難しくないことも多いですよ。

(3) **消去法** ……… 「消去法」と聞くと、テクニックっぽく感じる方もいるでしょう。しかし、消去法は原因や仮説を絞っていく常套手段です。必要に応じて積極的に消去法を使いましょう。

この本は、丁寧に、謙虚に、まじめに、じっくりと取り組んでもらえれば、共通テストで要求される能力が相当高まるように構成されています。本書を活用して、皆さんが共通テストで高得点を獲得されることを願っています。頑張りましょう！

伊藤 和修

4

本書の特長と使い方

　本書は，「大学入学共通テスト　生物基礎」に向けて，必要な知識を定着させ，考える力を鍛え，問題形式に慣れることができる問題集です。

本冊　問題
■ 問題の構成
　段階的に実力を養えるよう，問題を2段階に分類しました。
　　基本問題 …… 共通テストで必要な**知識や計算方法**などを定着させるための問題
　　実戦問題 …… 共通テストで要求される「**思考力・判断力**」を鍛えるための問題

　まずは，**基本問題**に取り組んで，基礎事項を理解，納得しながら定着させましょう。単に正解したかどうかではなく，問題に対するアプローチ，他の選択肢の内容の吟味なども丁寧に行うとよいでしょう。

　続いて，**実戦問題**にチャレンジしましょう。**実戦問題**には実験の読解，実験結果の解釈や仮説の検証，消去法の活用など，様々な形で「思考力・判断力」が要求される問題が多く含まれます。

■ ⏱分　解答目標時間
　解答目標時間の目安を示しています。「本番までに，これくらいの時間で解けるようになりましょう」という目標時間として示しています。

別冊　解答
■ 解答
　解答は答え合わせがしやすいように，冒頭に掲載しました。誤っていた場合，解説を読まずに，もう一度問題に取り組んでみるのも思考力を鍛える有効な方法です。もちろん，解説をじっくり読んで納得した上で，問題に再チャレンジしてもよいでしょう。
■ 解説
　解説は，「なぜその解答になるのか」だけでなく，「周辺知識の確認や整理」，「考察問題を解くコツ」，「情報を上手に抽出，整理する方法」，「効率的な問題へのアプローチ法」など，より学力が向上するように作成しました。問題を間違えてしまった場合だけでなく，正解できた場合も必ず読んで下さい。

もくじ

はじめに……………………………………………………… 3

本書の特長と使い方……………………………………… 4

| 第1章 | 生物の多様性と共通性

　基本問題　**1** ～ **23**　……………………………… 6

　実戦問題　**24** ～ **26**　………………………………14

| 第2章 | 遺伝子とそのはたらき

　基本問題　**27** ～ **56**　………………………………18

　実戦問題　**57** ～ **63**　………………………………28

| 第3章 | 生物の体内環境の維持

　基本問題　**64** ～ **114**　……………………………36

　実戦問題　**115** ～ **123**　……………………………55

| 第4章 | 植生の多様性と分布

　基本問題　**124** ～ **143**　……………………………66

　実戦問題　**144** ～ **148**　……………………………74

| 第5章 | 生態系とその保全

　基本問題　**149** ～ **169**　……………………………82

　実戦問題　**170** ～ **173**　……………………………90

解答・解説は別冊です。

※問題は，より実力がつくように適宜改題してあります。

編集担当：小平雅子
紙面デザイン：内津剛（及川真咲デザイン事務所）

6　第1章　生物の多様性と共通性

第1章｜生物の多様性と共通性

基本問題

§1　生物の特徴

1　生物の共通性(1)　⏱①分 ▶▶ 解答　P.3

次の@〜@のうち，すべての細胞に共通して含まれる物質の組合せとして最も適当なものを，下の①〜⑧から一つ選べ。

ⓐ　アデノシン三リン酸　　　ⓑ　クロロフィル　　　ⓒ　セルロース
ⓓ　ヘモグロビン　　　　　　ⓔ　水

① ⓐ, ⓑ　　　② ⓐ, ⓒ　　　③ ⓐ, ⓔ　　　④ ⓑ, ⓒ
⑤ ⓑ, ⓓ　　　⑥ ⓑ, ⓔ　　　⑦ ⓒ, ⓓ　　　⑧ ⓒ, ⓔ

2　生物の共通性(2)　⏱①分 ▶▶ 解答　P.3

生物の共通性についての記述として**誤っているもの**を，次から一つ選べ。

① すべての生物は細胞からできている。
② すべての生物は遺伝子として DNA をもっている。
③ すべての生物は代謝を行い，ATP によりエネルギーの受け渡しをしている。
④ すべての生物の細胞には核が存在している。

3　原核生物　⏱①分 ▶▶ 解答　P.3

次のⓐ〜ⓒのうち，原核生物であるものを過不足なく含むものを，下の①〜⑧から一つ選べ。

ⓐ　イシクラゲ　　　ⓑ　T_2 ファージ　　　ⓒ　酵母

① ⓐ　　　② ⓑ　　　③ ⓒ　　　④ ⓐ, ⓑ　　　⑤ ⓐ, ⓒ
⑥ ⓑ, ⓒ　　　⑦ ⓐ, ⓑ, ⓒ　　　⑧ いずれも原核生物ではない

4　真核生物　⏱①分 ▶▶ 解答　P.3

次のⓐ〜ⓓの生物のうち，真核細胞からなる単細胞生物の組合せとして最も適当なものを，下の①〜⑨から一つ選べ。

ⓐ　ゾウリムシ　　　ⓑ　オオカナダモ　　　ⓒ　酵母　　　ⓓ　ユレモ

① ⓐ, ⓑ　　② ⓐ, ⓒ　　③ ⓐ, ⓓ　　④ ⓑ, ⓒ　　⑤ ⓑ, ⓓ
⑥ ⓒ, ⓓ　　⑦ ⓐ, ⓑ, ⓒ　　⑧ ⓐ, ⓑ, ⓓ　　⑨ ⓐ, ⓒ, ⓓ

5 細胞の大きさ

細胞にはさまざまな大きさのものがある。次の⒜〜⒟の細胞について、その細胞の最も長い方向の長さが短いものから順に並べたとき、2番目と4番目になるものの組合せとして最も適当なものを、下表の①〜⑥から一つ選べ。

⒜ ゾウリムシ　⒝ ヒトの赤血球　⒞ ニワトリの卵　⒟ 大腸菌

	2番目	4番目		2番目	4番目
①	⒝	⒜	②	⒜	⒞
③	⒞	⒜	④	⒝	⒞
⑤	⒟	⒜	⑥	⒟	⒞

6 細胞の構造(1)

表1は細胞の特徴について4つのタイプにまとめたものである。酵母とホウレンソウは表中の(ア)〜(エ)のどのタイプに属するか。その組合せとして最も適当なものを、下表の①〜⑧から一つ選べ。なお、表1中の○はその構造体が存在することを、×は存在しないことを意味している。

表 1

	核（核膜）	ミトコンドリア	葉緑体	細胞壁
(ア)	○	○	○	○
(イ)	○	○	×	○
(ウ)	×	×	×	○
(エ)	×	×	×	×

	酵母	ホウレンソウ		酵母	ホウレンソウ
①	(ア)	(ア)	②	(ア)	(イ)
③	(イ)	(ア)	④	(イ)	(イ)
⑤	(ウ)	(ア)	⑥	(ウ)	(イ)
⑦	(エ)	(ア)	⑧	(エ)	(イ)

7 細胞の構造(2)

細胞の構造についての記述として最も適当なものを、次から一つ選べ。

① 大腸菌やイシクラゲは細菌であり、核や葉緑体をもたない。
② 原核細胞には細胞膜がなく、細胞壁に包まれている。
③ 光合成を行う真核生物は葉緑体をもつが、ミトコンドリアはもたない。
④ 細胞質基質には流動性がなく、細胞小器官が動かないように固定されている。
⑤ 液胞は動物細胞にも植物細胞にもみられるが、動物細胞で大きく発達する。

8 細胞の構造(3)

オオカナダモの葉の細胞に関する記述として最も適当なものを，次から一つ選べ。
① 液胞が発達し，その内部にはアントシアンが多く含まれている。
② DNA を含む赤色の核が存在している。
③ DNA を含まない細胞小器官である葉緑体が存在している。
④ セルロースというタンパク質を主成分とする細胞壁が存在している。
⑤ 細胞質基質には，水やタンパク質などが含まれている。

§2 光学顕微鏡を用いた細胞の観察

9 顕微鏡の使用方法(1)

顕微鏡の使用方法について**誤っているもの**を，次から一つ選べ。
① 顕微鏡を直射日光の当たらない明るい場所の平らな机の上に置く。
② レンズを顕微鏡に取り付けるときには，まず接眼レンズをつけたのちに，対物レンズをつける。
③ 観察するときには，まず低倍率でピントを合わせ，その後に見たい物を視野の中央に移動させ，レボルバーを回して高倍率にし，調節ねじをゆっくりと回してピントを合わせる。
④ しぼりは，低倍率の観察ではしぼって，高倍率の観察では開いて，見やすい明るさに調節する。
⑤ 対物レンズとプレパラートの間の距離を大きく離しておき，調節ねじで距離を縮めながらピントを合わせる。

10 顕微鏡の使用方法(2)

光学顕微鏡を用いて小さい「あ」という文字が書かれたプレパラートを観察すると，「あ」はどのように見えるか。また，「あ」が視野の右上に観察された場合，文字を視野の中心に移動させるためには，プレパラートをどの方向に動かせばよいか。最も適当な組合せを，次から一つ選べ。

	「あ」の見え方	プレパラートを動かす方向		「あ」の見え方	プレパラートを動かす方向
①	あ	右上	②	あ	左下
③	ぁ	右上	④	ぁ	左下
⑤	ＰＰ	右上	⑥	ＰＰ	左下
⑦	ＰＰ	右上	⑧	ＰＰ	左下

11 ミクロメーター

ある植物の茎の表皮細胞を光学顕微鏡とミクロメーターを用いて観察したところ，その長さは接眼ミクロメーター14目盛りに相当した。観察を行った倍率では，接眼ミクロメーターの12目盛りと対物ミクロメーターの15目盛りが一致した。使用した対物ミクロメーターの1目盛りは0.01 mmである。この表皮細胞の長さの数値として最も適当なものを，次から一つ選べ。

① 96 μm ② 112 μm ③ 144 μm
④ 175 μm ⑤ 192 μm ⑥ 225 μm

§3 代謝

12 ATP

ATPに関する記述として最も適当なものを，次から一つ選べ。
① アデノシンとリボースと3つのリン酸からなる化合物である。
② 高エネルギーリン酸結合を3つもつ化合物である。
③ ATPにリン酸が1つ結合する際にエネルギーが放出される。
④ ATPにはリボースという糖が含まれる。

13 エネルギーと代謝

エネルギーと代謝に関する記述として最も適当なものを，次から一つ選べ。
① 光合成では，光エネルギーを用いて窒素と二酸化炭素から有機物が合成される。
② 酵素は，生体内で行われる代謝において生体触媒として作用する炭水化物である。
③ 同化は，単純な物質を生命活動に必要な物質などに合成する反応である。
④ 呼吸では，酸素を用いて有機物を分解し放出されるエネルギーでATPからADPが合成される。

14 酵素

酵素に関する記述として**誤っているもの**を，次から一つ選べ。
① 生体内で行われている代謝過程の多くの反応は，触媒のはたらきをする酵素によって促進される。
② 酵素には，細胞内ではたらくものと，細胞外ではたらくものがある。
③ 呼吸の反応は，有機物が燃焼するときと同じようにエネルギーを酵素によって熱や光として一度に放出する。
④ 同化では，単純な物質から複雑な物質が酵素によって合成される。

15 タンパク質

タンパク質に関して，ヒトのからだで起こる現象に関する記述として最も適当なものを，次から一つ選べ。

① マグロの肉を食べると，その構成成分であるアクチンやミオシンが分解され，さまざまなタンパク質が，消化酵素の情報に従って合成される。
② サメの軟骨を食べると，軟骨を構成するタンパク質は分解されずに，そのままヒトの軟骨の構成成分となる。
③ ウシの赤身の肉を食べると，その構成成分であるアクチン，ミオシン，およびヘモグロビンは合成されるが，コラーゲンは合成されない。
④ ニワトリの皮を食べると，その構成成分であるコラーゲンは分解されてアミノ酸になり，さまざまなタンパク質の材料として利用される。

16 代謝(1)

代謝に関する記述として最も適当なものを，次から一つ選べ。

① 植物細胞では，光のエネルギーを利用して二酸化炭素と有機物から水と酸素がつくり出される。
② 動物細胞では，有機物が二酸化炭素と反応して水を生じるときにエネルギーが取り出される。
③ 葉緑体をもたない生物は，エネルギーを蓄えているATPを取り込まないと生活できない。
④ 体内でATPは，ADPとリン酸に分解されてエネルギーが放出されるが，できたADPは再利用される。

17 代謝(2)

光合成や呼吸に関する記述として最も適当なものを，次から一つ選べ。
① 光合成を行うすべての生物は，細胞内に葉緑体をもっている。
② 呼吸では，有機物の燃焼と同様にエネルギーの一部を熱として放出する。
③ 呼吸では，酸素を用いて有機物を分解し，ATPからADPを合成する。
④ 葉緑体には独自のDNAがあり，このDNAは核膜に包まれている。

18 代謝(3)

植物および動物における代謝を次ページの図に示した。図中の矢印ア〜オのうち，同化の過程を過不足なく含むものを，次ページの①〜⑨から一つ選べ。

① ア
② イ
③ ア，ウ
④ ア，エ
⑤ イ，ウ
⑥ イ，エ
⑦ イ，オ
⑧ ア，エ，オ
⑨ イ，エ，オ

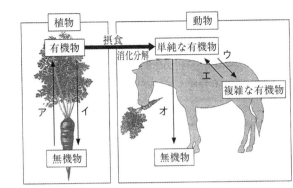

§4 共生説

19 共生説(1)

次の文中の空欄に入る語句の組合せとして最も適当なものを，下表の①〜⑥から一つ選べ。

真核細胞には， ア や イ などの細胞小器官がある。 ア は酸素を使って有機物を分解する生物が， イ は光合成を行う生物が，細胞の内部にそれぞれ取り込まれて生じたと考えられている。

	ア	イ		ア	イ
①	核	ミトコンドリア	②	核	葉緑体
③	ミトコンドリア	核	④	ミトコンドリア	葉緑体
⑤	葉緑体	核	⑥	葉緑体	ミトコンドリア

20 共生説(2)

共生説に関する次の@〜©の記述について，正しいものを過不足なく含むものを，下の①〜⑦から一つ選べ。

@ ミトコンドリアは，宿主となる細胞にシアノバクテリアが取り込まれて共生することで形成されたと考えられている。
ⓑ 進化の過程で，ミトコンドリアが生じた後に葉緑体が生じたと考えられている。
© 進化の過程でミトコンドリアと葉緑体の両方をもつようになった細胞が植物細胞に進化したと推測されている。

① @   ② ⓑ   ③ ©   ④ @，ⓑ
⑤ @，©   ⑥ ⓑ，©   ⑦ @，ⓑ，©

12　第 1 章　生物の多様性と共通性

21　共生説の根拠

⏱①分 ▶ 解答　P.9

植物の葉緑体に関する次の@〜@の記述のうち，共生説の根拠となる記述の組合せとして最も適当なものを，下の①〜⑥から一つ選べ。

@　独自の DNA が存在する。
ⓑ　ミトコンドリアに比べてかなり大きい。
ⓒ　細胞内で移動する。
ⓓ　細胞の分裂とは独立した分裂によって増殖する。

① @, ⓑ　　　② @, ⓒ　　　③ @, ⓓ
④ ⓑ, ⓒ　　　⑤ ⓑ, ⓓ　　　⑥ ⓒ, ⓓ

§ 5　酵素の実験

22　酵素の実験(1)

⏱②分 ▶ 解答　P.9

過酸化水素水を入れた試験管にブタの肝臓片を加え，温度を 30 ℃ に保ったところ，はじめは激しく泡が出たが，しばらくすると泡が出なくなった。この実験で，過酸化水素がすべて消費されたことが，泡が出なくなった原因であることを示したい。泡が出なくなった試験管に対してどのような処理をすることで示せるか。最も適当なものを次から一つ選べ。
① 試験管にさらに新しい肝臓片を入れて，泡が出ることを示す。
② 試験管に塩酸などの酸性の物質を入れることで，泡が出ることを示す。
③ 試験管に触媒として酸化マンガン(Ⅳ)*を加えて，泡が出ることを示す。
④ 試験管に水を加えて，泡が出ることを示す。
⑤ 試験管に過酸化水素を加えて，泡が出ることを示す。
　*酸化マンガン(Ⅳ)：「過酸化水素を分解し酸素を発生させる反応」を触媒する無機触媒。

23　酵素の実験(2)

⏱②分 ▶ 解答　P.10

過酸化水素水にニワトリの肝臓片を加えたところ，酸素が発生した。この結果から，ニワトリの肝臓に含まれる酵素は，過酸化水素を分解し酸素を発生させる反応を触媒する性質をもつことが推測される。しかし，酸素の発生が酵素の触媒作用によるものではなく，「何らかの物質を加えることによる物理的刺激によって過酸化水素が分解し酸素が発生する」という可能性[1]，「ニワトリの肝臓片自体から酸素が発生する」という可能性[2]が考えられる。可能性[1]と[2]を検証するためには，次ページの@〜①のうち，それぞれどの実験を行えばよいか。その組合せとして最も適当なものを，次ページの表①〜⑨から一つ選べ。

ⓐ　過酸化水素水に酸化マンガン(Ⅳ)を加える実験
ⓑ　過酸化水素水に石英砂*を加える実験
ⓒ　過酸化水素水に酸化マンガン(Ⅳ)と石英砂を加える実験
ⓓ　水にニワトリの肝臓片を加える実験
ⓔ　水に酸化マンガン(Ⅳ)を加える実験
ⓕ　水に石英砂を加える実験

*石英砂：「過酸化水素を分解し酸素を発生させる反応」を触媒しない。

	可能性[１]を検証する実験	可能性[２]を検証する実験
①	ⓐ	ⓓ
②	ⓐ	ⓔ
③	ⓐ	ⓕ
④	ⓑ	ⓓ
⑤	ⓑ	ⓔ
⑥	ⓑ	ⓕ
⑦	ⓒ	ⓓ
⑧	ⓒ	ⓔ
⑨	ⓒ	ⓕ

実戦問題

24

アキラとカオルは，オオカナダモの葉を光学顕微鏡で観察し，それぞれスケッチをしたところ，下の図1のようになった。

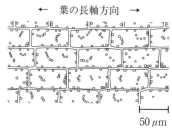
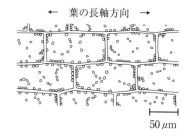

アキラのスケッチ　　　カオルのスケッチ

図　1

アキラ：スケッチ（図1）を見ると，オオカナダモの葉緑体の大きさは，以前に授業で見たイシクラゲ（シアノバクテリアの一種）の細胞と同じくらいだ。

カオル：ちょっと，君のを見せてよ。おや，君の見ている細胞は，私が見ているのよりも少し小さいようだなあ。私のも見てごらんよ。

アキラ：どれどれ，本当だ。同じ大きさの葉を，葉の表側を上にして，同じような場所を同じ倍率で観察しているのに，細胞の大きさはだいぶ違うみたいだなあ。

カオル：調節ねじを回して，対物レンズとプレパラートの間の距離を広げていくと，最初は小さい細胞が見えて，その次は大きい細胞が見えるよ。その後は何も見えないね。

アキラ：そうだね。それに調節ねじを同じ速さで回していると，大きい細胞が見えている時間の方が長いね。

カオル：そうか，観察した部分のオオカナダモの葉は2層でできているんだ。ツバキやアサガオの葉とはだいぶ違うな。

問1　下線部について，二人の会話と図1をもとに，葉の横断面（右の図2中のP-Qで切断したときの断面）の一部を模式的に示した図として最も適当なものを，次ページの①～⑥から一つ選べ。ただし，いずれの図も，上側を葉の表側とし，■はその位置の細胞の形と大きさとを示している。

図　2

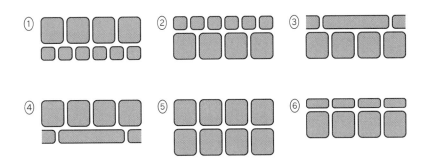

問2 葉におけるデンプン合成には，光以外に，細胞の代謝と二酸化炭素がそれぞれ必要であることを，オオカナダモで確かめたい。そこで，次の処理Ⅰ～Ⅲについて，下の表1の植物体A～Hを用いて，デンプン合成を調べる実験を考えた。このとき，調べるべき植物体の組合せとして最も適当なものを，下の①～⑨から一つ選べ。

処理Ⅰ：温度を下げて細胞の代謝を低下させる。
処理Ⅱ：水中の二酸化炭素濃度を下げる。
処理Ⅲ：葉に当たる日光を遮断する。

表　1

	処理Ⅰ	処理Ⅱ	処理Ⅲ
植物体A	×	×	×
植物体B	×	×	○
植物体C	×	○	×
植物体D	×	○	○
植物体E	○	×	×
植物体F	○	×	○
植物体G	○	○	×
植物体H	○	○	○

① A, B, C　② A, B, E　③ A, C, E
④ A, D, F　⑤ A, D, G　⑥ A, F, G
⑦ D, F, H　⑧ D, G, H　⑨ F, G, H

(共通テスト試行調査)

16　第1章　生物の多様性と共通性

25　　　　　　　　　　　　　　　　　　　　　　③分 ▶▶ 解答 P.11

次の文章中の空欄に入る語句の組合せとして最も適当なものを，下表の①〜⑧から一つ選べ。

　呼吸では，有機物を代謝する過程で放出されたエネルギーを利用して，ATP が合成される。ATP は　ア　に3分子のリン酸が結合した化合物であり，　イ　の高エネルギーリン酸結合をもつ。この ATP がもつエネルギーはさまざまな生命活動で利用され，ある体重5kg の動物が次の性質ⓐ〜ⓒをもつとすると，この動物1個体が1日に消費する ATP の総重量はおよそ　ウ　になる。

ⓐ　一つの細胞は，8.4×10^{-13}g の ATP をもつ。

ⓑ　一つの細胞は，1時間当たり 3.5×10^{-11}g の ATP を消費する。

ⓒ　個体は，6兆（6×10^{12}）個の細胞で構成される。

	ア	イ	ウ
①	アデノシン	二 つ	5g
②	アデノシン	二 つ	5kg
③	アデノシン	三 つ	5g
④	アデノシン	三 つ	5kg
⑤	アデニン	二 つ	5g
⑥	アデニン	二 つ	5kg
⑦	アデニン	三 つ	5g
⑧	アデニン	三 つ	5kg

（センター試験・追試）

26

細胞内ではさまざまな化学反応が行われており，これらの化学反応をまとめて代謝という。個々の代謝の過程は，いくつもの連続した反応から成り立っていることが多く，それらの一連の反応によって生命活動に必要な物質の合成や分解が起こる。

問 下線部に関連して，次の文章に示す**実験**を行い，下の**結果**Ⅰ〜Ⅲが得られた。これらの結果から，下の図1中の ア ， エ ，および オ に入る物質と酵素の組合せとして最も適当なものを，下表①〜⑥から一つ選べ。

実験 ある原核生物では，図1に示す反応系により，物質Aから，生育に必要な物質が合成される。この過程には，酵素X，Y，およびZがはたらいている。通常，この原核生物は，培養液に物質Aを加えておくと生育できる。一方，酵素X，Y，またはZのいずれか一つがはたらかなくなったもの（以後，変異体と呼ぶ）では，物質Aを加えても生育できない。そこで，これらの変異体を用いて， ア 〜 ウ の物質を加えたときに，生育できるかどうかを調べた。ただし， ア 〜 ウ には物質B，C，またはDのいずれかが， エ 〜 カ には酵素X，Y，またはZのいずれかが入る。

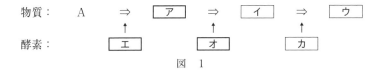

図 1

結果 Ⅰ：酵素Xがはたらかなくなった変異体の場合，物質Bを加えたときのみ生育できる。

Ⅱ：酵素Yがはたらかなくなった変異体の場合，物質B，C，またはDのいずれか一つを加えておくと生育できる。

Ⅲ：酵素Zがはたらかなくなった変異体の場合，物質BまたはCを加えると生育できる。

	ア	エ	オ
①	B	X	Y
②	B	Y	Z
③	C	X	Y
④	C	Y	Z
⑤	D	X	Y
⑥	D	Y	Z

（センター試験・本試）

18　第2章　遺伝子とそのはたらき

第2章 遺伝子とそのはたらき

基本問題

§6　DNAの構造とDNA抽出実験

27 DNAの構造　　　　　　　　　　　　　　①分 ▶▶ 解答 P.13

DNAに関する次の記述ⓐ～ⓒについて，正しいものを過不足なく含むものを下の①～⑦から一つ選べ。

ⓐ　DNAのヌクレオチドに含まれる塩基はデオキシリボースである。
ⓑ　ヌクレオチド鎖において，糖は2つのリン酸と結合した状態になっている。
ⓒ　アデニンはチミンと，グアニンはシトシンと相補的に結合する。

①　ⓐ　　　　　②　ⓑ　　　　　③　ⓒ　　　　　④　ⓐ，ⓑ
⑤　ⓐ，ⓒ　　　⑥　ⓑ，ⓒ　　　⑦　ⓐ，ⓑ，ⓒ

28 シャルガフの規則　　　　　　　　　　　②分 ▶▶ 解答 P.13

ある生物に由来する2本鎖DNAを調べたところ，2本鎖DNAの全塩基数の30%がアデニンであった。この2本鎖DNAの一方の鎖をX鎖，もう一方の鎖をY鎖としてさらに調べたところ，X鎖DNAの全塩基数の18%がシトシンであった。このとき，Y鎖DNAの全塩基数におけるシトシンの数の占める割合(%)として最も適当な数値を，次から一つ選べ。

①　12　　　②　14　　　③　18　　　④　20　　　⑤　22
⑥　30　　　⑦　36　　　⑧　52　　　⑨　60

29 DNA抽出実験　　　　　　　　　　　　①分 ▶▶ 解答 P.14

DNAは次の**操作1～4**のような手順で抽出することができる。文中の空欄に入る物質と，DNAを抽出できない生物試料との組合せとして最も適当なものを，次ページの表の①～⑥から一つ選べ。

操作1　DNAを抽出する生物試料を乳鉢で素早くすりつぶす。
操作2　洗剤と食塩水を混合したDNA抽出溶液を加えて，粘性が出るまで混ぜる。
操作3　**操作2**の溶液をしばらく静置し，ガーゼでろ過する。
操作4　ろ液に冷やした　ア　を入れると，繊維状のDNAが現れるので，これをガラス棒などで巻き取る。

	ア	DNAを抽出できない生物試料
①	酢酸オルセイン	ニワトリの卵白
②	酢酸オルセイン	ブロッコリーのつぼみ
③	酢酸オルセイン	タラの精巣
④	エタノール	ニワトリの卵白
⑤	エタノール	ブロッコリーのつぼみ
⑥	エタノール	タラの精巣

§7 DNAの研究史

30 DNAの研究史

過去の研究者らによって得られた研究成果のうち，形質の遺伝を担う物質がDNAであることを明らかにした成果として適当なものを，次から二つ選べ。
① 研究者Aは，白血球の核などを多量に含む傷口の膿に，リンを多く含む物質が存在することを発見した。
② 研究者Bらは，病原性のない肺炎双球菌に対して，病原性を有する肺炎双球菌の抽出物（病原性菌抽出物）を混ぜて培養すると，病原性のある菌が出現するが，DNA分解酵素によって処理した病原性菌抽出物を混ぜて培養しても，病原性のある菌が出現しないことを示した。
③ 研究者Cらは，いろいろな生物のDNAについて調べ，アデニンとチミン，グアニンとシトシンの数の比が，それぞれ1:1であることを示した。
④ 研究者Dらは，DNAの立体構造について考察し，2本の鎖がらせん状に絡み合って構成される二重らせん構造のモデルを提唱した。
⑤ 研究者Eは，エンドウの種子の形や，子葉の色などの形質に着目した実験を行い，親の形質が次の世代に遺伝する現象から，遺伝の法則性を発見した。
⑥ 研究者Fらは，バクテリオファージ（T₂ファージ）を用いた実験において，ファージを細菌に感染させた際に，DNAだけが細菌に注入され，新たなファージがつくられることを示した。

31 形質転換の研究史

肺炎双球菌の形質転換の原因物質を特定した研究者名を，次から一つ選べ。
① フランクリン　② グリフィス　③ ウィルキンス
④ エイブリー　⑤ ハーシー　⑥ ワトソン

32 T₂ファージの研究史

ハーシーとチェイスによるT₂ファージを用いた研究についての記述として最も適当なものを，次から一つ選べ。

① タンパク質を標識したT₂ファージを大腸菌に感染させ，撹拌してから遠心分離すると，標識されたタンパク質は主に沈殿から検出される。
② タンパク質を標識したT₂ファージを大腸菌に感染させ，撹拌せずに遠心分離すると，標識されたタンパク質は主に沈殿から検出される。
③ DNAを標識したT₂ファージを大腸菌に感染させ，撹拌してから遠心分離すると，標識されたDNAは主に上澄みから検出される。
④ DNAを標識したT₂ファージを大腸菌に感染させ，撹拌せずに遠心分離すると，標識されたDNAは主に上澄みから検出される。

33 形質転換(1)

肺炎双球菌には，ネズミやヒトで肺炎を引き起こす病原性のS型菌と，非病原性のR型菌とがある。グリフィスが行った実験にならって以下の**実験1～4**を行った。

実験1 S型菌をネズミに注射するとネズミは肺炎を起こしたが，R型菌を注射した場合は肺炎を起こさなかった。
実験2 加熱殺菌したS型菌をネズミに注射しても，肺炎を起こさなかった。
実験3 加熱殺菌したS型菌と生きたR型菌を混ぜて注射すると，肺炎を起こすネズミが現れた。このネズミから，生きたS型菌が検出された。
実験4 実験3で得られたS型菌を数世代培養した後にネズミに注射すると，肺炎を起こした。

問1 実験1～4の結果から考察される，S型菌の形質を決定する物質の性質として**誤っているもの**を，次から一つ選べ。
① R型菌に移りその形質を変化させる。
② 熱に対して比較的安定である。
③ 加熱によりR型菌の形質を決める物質に変化する。
④ 遺伝に関係する。

問2 実験1～4の結果を踏まえた上で，菌の形質を決定する物質を特定する際に決め手となる実験として最も適当なものを，次から一つ選べ。
① S型菌から抽出した物質の構成成分を定量し，その主成分を決める。
② S型菌から抽出したDNAを用いて形質転換実験を行う。
③ S型菌から抽出した脂質を用いて形質転換実験を行う。
④ S型菌から抽出した物質にタンパク質分解酵素をはたらかせた後，形質転換実験を行う。
⑤ S型菌から抽出したタンパク質を用いて形質転換実験を行う。

34 形質転換(2)

肺炎双球菌を用いて以下の**実験1〜3**を行った。細菌を注射されたネズミが肺炎を起こして死んでしまう実験を過不足なく含むものを，下の①〜⑦から一つ選べ。なお，加熱殺菌したS型菌のみを注射したネズミ，生きたR型菌のみを注射したネズミは肺炎を起こさないものとする。

実験1 加熱殺菌したS型菌と生きたR型菌を混合し，ネズミに注射した。
実験2 S型菌抽出液に対してDNA分解酵素を加えてDNAを分解してから，R型菌を培養している培地に加え，しばらくしてから増殖した細菌をネズミに注射した。
実験3 加熱殺菌したR型菌と生きたS型菌を混合し，ネズミに注射した。

① 実験1　　② 実験2　　③ 実験3　　④ 実験1と実験2
⑤ 実験1と実験3　　⑥ 実験2と実験3　　⑦ 実験1と実験2と実験3

§8 遺伝情報の発現

35 DNAとRNA

DNAとRNAとで異なる塩基の組合せとして最も適当なものを，次から一つ選べ。

	DNAにあって RNAにない塩基	RNAにあって DNAにない塩基		DNAにあって RNAにない塩基	RNAにあって DNAにない塩基
①	アデニン	シトシン	②	アデニン	チミン
③	ウラシル	シトシン	④	ウラシル	チミン
⑤	シトシン	ウラシル	⑥	シトシン	チミン
⑦	チミン	ウラシル	⑧	チミン	シトシン

36 核酸

次の物質ⓐ〜ⓒのうち，リンを構成元素としてもつ物質を過不足なく含むものを，下の①〜⑦から一つ選べ。

ⓐ ATP　　ⓑ DNA　　ⓒ RNA

① ⓐ　　② ⓑ　　③ ⓒ　　④ ⓐ, ⓑ
⑤ ⓐ, ⓒ　　⑥ ⓑ, ⓒ　　⑦ ⓐ, ⓑ, ⓒ

37 遺伝情報の発現についての計算問題(1)

DNAと遺伝情報に関する次ページの文章中の空欄に入る数値として最も適当なものを，次ページの①〜⑧からそれぞれ一つずつ選べ。ただし，同じものを繰り返し選んでもよい。

22 第2章　遺伝子とそのはたらき

　300塩基対のDNAを構成する全塩基の20%がアデニンであった場合，この2本鎖のDNA中に存在するシトシンの数は，　ア　である。また，300塩基対の2本鎖DNAの片方の鎖がすべて転写されてmRNAが合成された。このmRNAの最初の塩基から最後の塩基までのすべての塩基配列がアミノ酸を指定していた場合，このmRNAの塩基配列に基づいて翻訳が行われると，　イ　個のアミノ酸が連なったタンパク質が合成される。

① 90　　　② 100　　　③ 120　　　④ 180
⑤ 200　　　⑥ 300　　　⑦ 360　　　⑧ 900

38 ヒトゲノム　　　　　　　　　　　　　　①分 ▶▶ 解答 P.17

　ヒトゲノムは約何対のヌクレオチド対からなるか。最も適当なものを，次から一つ選べ。

① 2万　　　② 10万　　　③ 30億　　　④ 60億

39 翻訳(1)　　　　　　　　　　　　　　　①分 ▶▶ 解答 P.17

　RNAに含まれる塩基は4種類であり，mRNAの3つの塩基の並び（コドン）の塩基配列は4×4×4＝64種類である。一方，タンパク質合成に用いられるアミノ酸は20種類である。この事実を踏まえた考察として最も適当なものを，次から一つ選べ。

① 1種類のコドンが2種類以上のアミノ酸を指定する場合があると予想される。
② 2種類以上のコドンが同じアミノ酸を指定する場合があると予想される。
③ 一部のコドンにはチミンが用いられ，実際のコドンは64種類よりも多く存在していると予想される。
④ 一部のタンパク質には20種類より多くのアミノ酸が用いられていると予想される。

40 翻訳(2)　　　　　　　　　　　　　　　③分 ▶▶ 解答 P.17

　コドンに関連して，次の文章中の空欄に入る数値として最も適当なものを，次ページの①～⑧からそれぞれ一つずつ選べ。ただし，同じものを繰り返し選んでもよい。

　mRNAの塩基配列がアミノ酸を指定するしくみを調べるために，人工的に合成したRNAからタンパク質を試験管内で翻訳させる実験が行われた。例えば，UGUGUGUG…のように，UGが繰り返した塩基配列のみで構成されるRNAから翻訳された1つのタンパク質分子は，どの塩基から翻訳が開始されたとしても，　ア　種類のアミノ酸が繰り返された配列となった。また，UGCUGCUGC…のように，UGCが繰り返した塩基配列のみで構成されるRNAから翻訳された1つのタンパク質分子は，どの塩基から翻訳が開始されたとしても，　イ　種類のアミノ酸が繰り

返された配列となった。このような実験を他の塩基配列についても行うことによって，3つの塩基の並び方で一つのアミノ酸を指定することが証明された。

① 1　　② 2　　③ 3　　④ 4
⑤ 6　　⑥ 8　　⑦ 9　　⑧ 12

41 翻訳(3)

遺伝情報の発現に関連して，次の文章中の空欄に入る数値として最も適当なものを，下の①～⑦からそれぞれ一つずつ選べ。ただし，同じものを繰り返し選んでもよい。

DNAの塩基配列は，まずRNAに転写され，コドンと呼ばれる塩基3つの並びが1つのアミノ酸を指定する。例えば，AUGというコドンはメチオニンというアミノ酸を指定し，CGX（XはA，C，G，またはUを表す）およびAGY（YはAまたはGを表す）はいずれもアルギニンというアミノ酸を指定する。塩基配列に偏りがないと仮定すると，任意のコドンがメチオニンを指定する確率は ア 分の1であり，アルギニンを指定する確率はメチオニンを指定する確率の イ 倍と推定される。

① 4　　② 6　　③ 8　　④ 16
⑤ 20　　⑥ 32　　⑦ 64

42 遺伝子数の計算問題

ある細菌のDNAは8.0×10^6個のヌクレオチドからなる。この細菌のDNAの20%が遺伝子としてはたらいており，1つの遺伝子は平均すると5.0×10^2塩基対からなるものとする。この細菌の遺伝子の数として最も適当なものを，次から一つ選べ。

① 1.6×10^3　　② 3.2×10^3　　③ 4.8×10^3
④ 8.0×10^3　　⑤ 1.6×10^4

43 遺伝情報の発現についての計算問題(2)

遺伝情報について述べた次の文章中の空欄に入る数値の組合せとしても最も適当なものを，次ページの①～⑥から一つ選べ。

300塩基対のDNAを構成する全塩基の22%がアデニンであった場合，この2本鎖のDNA中に存在するシトシンの数は， ア である。また，300塩基対の2本鎖DNAの片方の鎖の80%の領域が転写されてmRNAが合成された。このmRNAの最初の塩基から最後の塩基までのすべての塩基配列がアミノ酸を指定していた場合，このmRNAの塩基配列に基づいて翻訳が行われると， イ 個のアミノ酸が連なったタンパク質が合成される。

	ア	イ		ア	イ
①	84	80	②	84	100
③	132	80	④	132	100
⑤	168	80	⑥	168	100

44 ゲノム(1)

ゲノムに関連する次の記述ⓐ～ⓒについて，その正誤の組合せとして正しいものを，下表の①～⑧から一つ選べ。

ⓐ 真核生物に属するすべての生物では，遺伝子の数は等しい。
ⓑ ヒトの同一個体において，神経の細胞と小腸の細胞とでは，核内にあるゲノムDNAは同じであり，発現する遺伝子の種類も同じである。
ⓒ ヒトでは，ゲノムの一部だけが遺伝子としてはたらいている。

	ⓐ	ⓑ	ⓒ
①	正	正	正
②	正	正	誤
③	正	誤	正
④	正	誤	誤
⑤	誤	正	正
⑥	誤	正	誤
⑦	誤	誤	正
⑧	誤	誤	誤

45 ゲノム(2)

ゲノムに関連する記述として最も適当なものを，次から一つ選べ。
① 個人のゲノムを調べて，病気へのかかりやすさや，薬の効きやすさなどを判別する研究が進められている。
② 個人のゲノムを調べれば，その人が食中毒にかかる回数がわかる。
③ 植物のゲノムの塩基配列がわかれば，枯死するまでに合成されるATPの総量がわかる。
④ 生物の種類ごとにゲノムの大きさは異なるが，遺伝子数は同じである。

46 DNAと遺伝情報(1)

DNAと遺伝情報に関する記述として最も適当なものを，次から一つ選べ。
① ブロッコリーの花芽から抽出したDNAがもつ遺伝情報と，同じ個体のブロッコリーの葉から抽出したDNAがもつ遺伝情報は一致する。
② ブロッコリーの花芽から抽出したDNAには，ブロッコリーの花芽に存在するタンパク質のアミノ酸配列に関する遺伝情報のみが存在する。
③ ブロッコリーの花芽から抽出したDNAには，ブロッコリーの根の発生に関わる遺伝子は含まれない。
④ ブロッコリーの花芽から抽出したDNAの全塩基配列と，同じ個体のブロッコリーの花芽から抽出したRNAの全塩基配列は一致する。

47 DNAと遺伝情報(2)

次の文章中の空欄に入る語句の組合せとして最も適当なものを，下表の①～④から一つ選べ。

同一人物の筋肉細胞と皮膚細胞の ア は同じであるが，それぞれの細胞の イ が異なるので，異なる種類のタンパク質が合成される。

	ア	イ
①	核にあるDNAの塩基配列	核で転写される遺伝子
②	核にあるDNAの塩基配列	核にある遺伝子の塩基配列
③	細胞質にあるmRNAの種類	核で転写される遺伝子
④	細胞質にあるmRNAの種類	核にある遺伝子の塩基配列

48 だ腺染色体

だ腺染色体に関する記述として最も適当なものを，次から一つ選べ。
① だ腺染色体を染色すると，横じまが等間隔に観察される。
② だ腺染色体は通常の細胞でM期に観察される染色体の100～200倍程度の大きさである。
③ だ腺染色体は間期の細胞では観察されず，M期の細胞でのみ観察される。
④ だ腺染色体のパフの部分では盛んにDNAが合成されている。
⑤ 酢酸カーミンを用い，だ腺染色体を緑色に染色することができる。

§9 遺伝情報の分配

49 細胞周期(1)

真核生物の典型的な体細胞分裂に関する記述として最も適当なものを，次から一つ選べ。
① 分裂期では，核分裂が起こった後に細胞質分裂が起こる。
② 分裂期の前期では，DNAを複製する準備が行われる。
③ 分裂期の中期では，複数のRNAによってDNAが束ねられ，染色体となる。
④ 分裂期の中期では，DNAが複製され，細胞に含まれるDNA量が2倍になる。
⑤ 分裂期の後期では，細胞に含まれるDNA量が半分になる。

50 細胞周期(2)

同じ一つの真核細胞のG_1期とG_2期とにおいて，核に含まれるDNAを比較した結果に関する記述として最も適当なものを，次から一つ選べ。
① 核に含まれる2本鎖DNAの総質量は，G_1期とG_2期とにおいてほぼ同じである。
② 核に含まれる2本鎖DNAの総本数は，G_1期とG_2期とにおいてほぼ同じである。
③ 核に含まれる全2本鎖DNA中のアデニンとグアニンの数の比は，G_1期とG_2期とにおいてほぼ同じである。
④ 核に含まれる全2本鎖DNA中のアデニンとグアニンの数の合計は，G_1期とG_2期とにおいてほぼ同じである。

51 細胞周期(3)

真核生物の細胞周期と細胞の分化についての記述として最も適当なものを，次から一つ選べ。
① DNAの複製はG_1期に行われる。
② 核分裂の後に細胞質分裂が起こる。
③ 細胞が分化する際，細胞周期をG_2期で停止して，G_0期に入る。
④ 分化した細胞では特定の遺伝子のみがはたらくため，不要な遺伝子は失われている。

52 体細胞分裂の観察

体細胞分裂のようすを光学顕微鏡で観察するためのプレパラート作製に関する記述として最も適当なものを，次の①〜⑤から一つ選べ。なお，観察する材料はタマネギの根端分裂組織とする。
① 酢酸や酢酸アルコールなどを用いて解離をすることができる。

② 約 90℃ に温めた塩酸に入れることで固定することができる。
③ スライドガラスにのせた試料を親指で押しつぶし，その後にカバーガラスをかける。
④ アントシアン溶液を滴下することで染色体を染色できる。
⑤ 固定，解離，染色，押しつぶしの順に各処理を行う。

53 細胞周期の計算問題(1)

同じ長さの細胞周期でランダムに分裂をしている細胞集団がある。この集団の細胞数を調べたところ，72時間で細胞数が8倍に増加した。この細胞集団の細胞周期の長さとして最も適当なものを，次から一つ選べ。
① 9時間　② 12時間　③ 18時間　④ 24時間　⑤ 36時間

54 細胞周期の計算問題(2)

タマネギの根端分裂組織の細胞を観察したところ，観察した1000個の細胞のうち20個が中期であった。この細胞集団について，中期に要する時間を30分とすると，1000個の細胞が4000個になるのに要する時間は何時間になるか。最も適当なものを，次から一つ選べ。
① 20時間　② 25時間　③ 40時間　④ 50時間

55 細胞周期の計算問題(3)

タマネギの根端分裂組織のDNA量について調べたところ，同じタマネギの葉の分化したG_0期の細胞とDNA量が同量である細胞が全体の40%，G_0期の細胞の2倍のDNA量の細胞が全体の30%存在していることがわかった。この細胞集団の細胞周期を30時間，M期に要する時間を2時間として，**誤っている記述**を次から一つ選べ。
① G_1期に要する時間は，G_2期に要する時間よりも長い。
② S期に要する時間は9時間である。
③ G_2期に要する時間とS期に要する時間は等しい。
④ M期に要する時間はG_2期に要する時間よりも短い。

56 細胞の分化と遺伝子発現

ヒトの肝臓の細胞で発現している遺伝子として最も適当なものを，次から一つ選べ。
① アミラーゼ遺伝子　② インスリン遺伝子
③ ヘモグロビン遺伝子　④ クリスタリン遺伝子
⑤ アルブミン遺伝子

28 第 2 章　遺伝子とそのはたらき

実戦問題

57

⏱ ②分 ▶ 解答 P.24

次の文章中の ア ・ イ に入る数値として最も適当なものを，下の①〜⑦からそれぞれ一つずつ選べ。ただし同じものを繰り返し選んでもよい。

DNA の塩基配列は，RNA に転写され，塩基三つの並びが一つのアミノ酸を指定する。例えば，トリプトファンとセリンというアミノ酸は，右の表1の塩基三つの並びによって指定される。任意の塩基三つの並びがトリプトファンを指定する確率は ア 分の1であり，セリンを指定する確率はトリプトファンを指定する確率の イ 倍と推定される。

表　1

塩基三つの並び	アミノ酸
UGG	トリプトファン
UCA　UCG UCC　UCU AGC　AGU	セリン

① 4 　 ② 6 　 ③ 8 　 ④ 16 　 ⑤ 20 　 ⑥ 32 　 ⑦ 64

(共通テスト試行調査)

58

⏱ ③分 ▶ 解答 P.24

遺伝子の本体である DNA は通常，二重らせん構造をとっている。しかし，例外的ではあるが，1本鎖の構造をもつ DNA も存在する。以下の表は，いろいろな生物材料の DNA を解析し，構成要素(構成単位)である A，G，C，T の数の割合(%)と核1個当たりの平均の DNA 量を比較したものである。

生物材料	DNA 中の各構成要素の数の割合(%)				核1個当たりの平均の DNA 量($\times 10^{-12}$g)
	A	G	C	T	
ア	26.6	23.1	22.9	27.4	95.1
イ	27.3	22.7	22.8	27.2	34.7
ウ	28.9	21.0	21.1	29.0	6.4
エ	28.7	22.1	22.0	27.2	3.3
オ	32.8	17.7	17.3	32.2	1.8
カ	29.7	20.8	20.4	29.1	−
キ	31.3	18.5	17.3	32.9	−
ク	24.4	24.7	18.4	32.5	−
ケ	24.7	26.0	25.7	23.6	−
コ	15.1	34.9	35.4	14.6	−

−：データなし

問1 解析した10種類の生物材料（ア〜コ）の中に，1本鎖の構造のDNAをもつものが一つ含まれている。最も適当なものを次から一つ選べ。

① ア　② イ　③ ウ　④ エ　⑤ オ
⑥ カ　⑦ キ　⑧ ク　⑨ ケ　⓪ コ

問2 核1個当たりのDNA量が記されている生物材料（ア〜オ）の中に，同じ生物の肝臓に由来したものと精子に由来したものがそれぞれ一つずつ含まれている。この生物の精子に由来したものとして最も適当なものを，次から一つ選べ。

① ア　② イ　③ ウ　④ エ　⑤ オ

問3 新しいDNAサンプルを解析したところ，TがGの2倍量含まれていた。このDNAの推定されるAの割合（%）として最も適当な値（%）を，次から一つ選べ。ただし，このDNAは，二重らせん構造をとっている。

① 16.7　② 20.1　③ 25.0
④ 33.4　⑤ 38.6　⑥ 40.2

（センター試験・本試）

59　⏱6分 ▶▶ 解答 P.25

遺伝情報を担う物質として，どの生物も(a)DNAをもっている。それぞれの生物がもつ遺伝情報全体を(b)ゲノムと呼び，動植物では生殖細胞（配偶子）に含まれる一組の染色体を単位とする。また，DNAの塩基配列の上では，(c)ゲノムは「遺伝子としてはたらく部分」と「遺伝子としてはたらかない部分」とからなっている。

問1 下線部(a)に関連して，DNAを抽出するための生物材料として適当でないものを，次から一つ選べ。

① ニワトリの卵白　　② タマネギの根　　③ アスパラガスの若い茎
④ バナナの果実　　　⑤ ブロッコリーの花芽　　⑥ サケの精巣
⑦ ブタの肝臓

問2 下線部(b)に関する記述として最も適当なものを，次から一つ選べ。

① ヒトのどの個々人の間でも，ゲノムの塩基配列は同一である。
② 受精卵と分化した細胞とでは，ゲノムの塩基配列が著しく異なる。
③ ゲノムの遺伝情報は，分裂期の前期に2倍になる。
④ ハエのだ腺染色体は，ゲノムの全遺伝子を活発に転写して膨らみ，パフを形成する。
⑤ 神経の細胞と肝臓の細胞とで，ゲノムから発現される遺伝子の種類は大きく異なる。

問3 下線部(c)に関連する次ページの文章中の空欄に入る数値の組合せとして最も適当なものを，次ページの表の①〜⑧から一つ選べ。

30　第 2 章　遺伝子とそのはたらき

　ヒトのゲノムは約30億塩基対からなっている。タンパク質のアミノ酸配列を指定する部分(以後，翻訳領域と呼ぶ)は，ゲノム全体のわずか1.5％程度と推定されているので，ヒトのゲノム中の個々の遺伝子の翻訳領域の長さは，平均して約 ア 塩基対だと考えられる。また，ゲノム中では平均して約 イ 塩基対ごとに1つの遺伝子(翻訳領域)があることになり，ゲノム上では遺伝子としてはたらく部分はとびとびにしか存在していないことになる。

	ア	イ
①	2千	15万
②	2千	30万
③	4千	15万
④	4千	30万
⑤	2万	150万
⑥	2万	300万
⑦	4万	150万
⑧	4万	300万

(センター試験・本試)

60　　　　　　　　　　　　　　　　　　　　⏱6分 ▶ 解答 P.26

　多細胞動物では，未分化な細胞が(a)細胞分裂を繰り返しながら増殖し，増殖した細胞の多くはそれぞれ固有の機能をもつ細胞に分化する。さらにそれらが集まって，さまざまな組織・器官・(b)器官系を構築する。

実験1　下線部(a)に関連して，動物の細胞は培養条件下では無限に細胞分裂をする能力をもつのではないかと考えて，ヒトの結合組織の中にある繊維をつくる細胞(以後，細胞Cと呼ぶ)を単離し，シャーレで培養し続ける実験を行ったところ，予想に反して，細胞Cはやがて細胞分裂を停止してしまった。

実験2　n 回の細胞分裂をした細胞Cを C_n と呼ぶことにする。目印によりそれぞれを見分けることができる C_{10} と C_{40} を用意して，それぞれ単独で培養したものと，両方を混合した状態で培養したものとについて，各細胞のその後の細胞分裂の回数を数えた。その結果，C_{10} 単独の培養では，さらに40回の細胞分裂をした後に分裂を停止したが，C_{40} 単独の培養では，さらに10回の細胞分裂をした後に分裂を停止した。C_{10} と C_{40} とを混合して培養した場合，C_{10} は40回の，C_{40} は10回の細胞分裂をした後に分裂を停止した。

実験3 右の図1のように，C_{20} と C_{30} を用いて核の入れ替え実験を行った。核を取り除いた C_{20} に C_{30} の核を移植した細胞は，そのまま培養すると，さらに20回の細胞分裂をした後に分裂を停止した。一方，核を取り除いた C_{30} に C_{20} の核を移植した細胞は，そのまま培養すると，さらに30回の細胞分裂をした後に分裂を停止した。

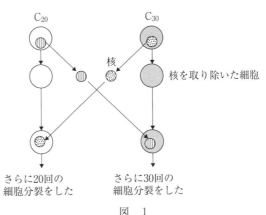

図 1

問1 **実験1と実験2**の結果から導かれる考察として最も適当なものを，次から一つ選べ。
① 分裂回数が少ない細胞Cは，周囲の細胞の分裂を促進する。
② 分裂回数が多い細胞Cは，周囲の細胞の分裂を抑制する。
③ 分裂回数の異なる2群の細胞Cを同じシャーレの中で培養すると，それぞれの細胞Cがその後に分裂できる回数は等しくなる。
④ 分裂回数の異なる2群の細胞Cそれぞれが可能な細胞分裂の回数は，単独で培養したときと混合して培養したときとで変化しない。

問2 **実験1〜3**の結果から導かれる考察として最も適当なものを，次から一つ選べ。
① 細胞Cが可能な細胞分裂の回数は，細胞質の因子によって決められている。
② 細胞Cが可能な細胞分裂の回数は，核の因子によって決められている。
③ 核を移植された細胞Cが可能な細胞分裂の回数は，細胞質か核のうち，それまでの分裂回数の少ない方によって決められている。
④ 核を移植された細胞Cが可能な細胞分裂の回数は，細胞質か核のうち，それまでの分裂回数の多い方によって決められている。

問3 下線部(b)に関連して，次のⓐ〜ⓓのうち，食物の消化系に関わる器官を過不足なく含む組合せとして最も適当なものを，下の①〜⑨から一つ選べ。
ⓐ 食道　　　ⓑ 腎臓　　　ⓒ 膵臓　　　ⓓ 肝臓
① ⓐ, ⓑ　　② ⓐ, ⓒ　　③ ⓐ, ⓓ
④ ⓑ, ⓒ　　⑤ ⓒ, ⓓ　　⑥ ⓐ, ⓑ, ⓒ
⑦ ⓐ, ⓑ, ⓓ　　⑧ ⓐ, ⓒ, ⓓ　　⑨ ⓑ, ⓒ, ⓓ

(センター試験・追試)

61

ウニ受精卵の細胞質分裂の際に入るくびれの形成に関して、次の**仮説1～4**を立てた。どの仮説が正しいかを調べる目的で、以下の**実験1・実験2**を行った。ただし、ウニ卵に**実験1**で行ったような変形を加えても、核分裂は正常に進行することがわかっている。

仮説1 くびれは、紡錘体(染色体、紡錘糸、中心体を含む構造)のできる時期とは無関係に形成される。
仮説2 くびれは、紡錘体中の2個の中心体を含む面に形成される。
仮説3 くびれは、紡錘体ができた後のある時期に形成される。
仮説4 くびれは、紡錘体の位置とは無関係に形成される。

実験1 変形を加えない状態ではウニ卵は球状で、細胞の中央にくびれが入る(図1 a)。そこで、受精卵を細い管の中に入れて、細胞を変形させた(図1 b)。一方、先端を丸くしたガラス棒を使って、管の中に入れた受精卵の核を右端に移動させた(図1 c)。こうして、それぞれの細胞分裂の進行を観察したところ、くびれは図1の矢印に示す位置で見られた。

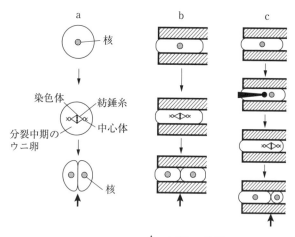

↑：くびれの位置
図　1

問1 **実験1**で、前の**仮説1～4**のうちどれが**否定**できるか。最も適当な組合せを、次から一つ選べ。
① 仮説1と仮説4　② 仮説2と仮説3
③ 仮説1と仮説3　④ 仮説2と仮説4

実験2 紡錘体が形成された後のさまざまな時期のウニ卵から、細いガラス管を用い

て紡錘体を取り除き，細胞分裂の進行を観察した。その結果，分裂中期以前の早い時期のウニ卵から紡錘体を取り除いた場合ではくびれが形成されず，遅い時期のウニ卵から紡錘体を取り除いた場合ではくびれの進行が観察された。

問2　実験1・実験2から，前の**仮説1〜4**のうちどれが正しいと結論できるか。最も適当なものを，次から一つ選べ。
① 仮説1　　② 仮説2　　③ 仮説3　　④ 仮説4

62

カサノリは単細胞の緑藻で，大きいものは5〜7cmにもなる。成熟したものでは，種特有の形をした傘，柄，および細胞核を含む仮根からなる。傘の形が異なる2種のカサノリ（A種，B種）を用い，次のような実験を行った。

実験1　図1に示すように，傘を切除した後，柄上端部・柄中央部・仮根の3つに分けてそれぞれ培養した。柄上端部は，傘と柄を再生したが仮根は再生できず，やがて死んでしまった。柄中央部は，傘や仮根を再生することなく死んでしまった。しかし，仮根からは完全な個体が再生された。

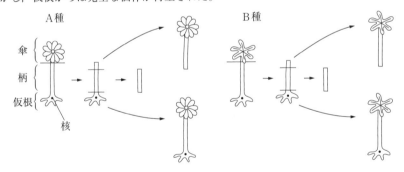

図　1

実験2　次ページの図2に示すように，A種の柄を切り取ってB種の仮根に接いだところ，A種の傘が再生された。再生した傘をもう一度切除したところ，今度はB種の傘が再生してきた。その後は傘を繰り返し切除しても，再生してくる傘の形はB種のままであった。A種とB種を入れ替えて実験しても，同様の結果が得られた。

実験3　次ページの図3に示すように，A種の個体から核を除いた後に傘を切除しても，一度だけは核なしでA種の傘が再生された。この個体に，B種の核を移植してから再び傘を切除すると，今度はB種の傘が再生された。A種とB種を入れ替えて実験しても，同様の結果が得られた。

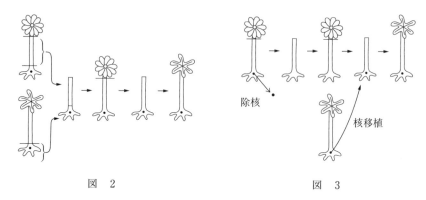

図 2　　　　　　　　　　図 3

問1　実験1～3から得られる結論として，正しいものを次から二つ選べ。
① 傘の形は核によって決定されているが，その情報はいったん核外の情報に変えられる。この核外の情報は，一度形成されると核の有無に関わらず，しばらく維持される。
② 傘の形は核によって決定されているが，その情報は核外の情報に転換されることなく，直接伝えられる。
③ 傘の形は核からの情報に影響されない。
④ 成熟したカサノリの柄上端部には，傘の形を決定する情報が含まれている。
⑤ 成熟したカサノリの柄上端部には，傘の形を決定する情報は含まれていない。
⑥ 成熟したカサノリの柄上端部に，傘の形を決定する情報が含まれているとも，いないともいえない。

問2　核に**含まれていない**物質を，次から一つ選べ。
① タンパク質　　② RNA　　③ DNA　　④ 水　　⑤ デンプン

問3　カサノリのほかに単細胞の真核生物にはどのようなものがあるか。正しいものを，次から二つ選べ。
① 大腸菌　　　　② クラゲ　　　　③ イシクラゲ
④ ゾウリムシ　　⑤ ミジンコ　　　⑥ 酵母
⑦ オオカナダモ　⑧ ユレモ

（センター試験・追試〈改〉）

63　　　　　　　　　　　　　　　　　　5分 ▶▶ 解答 P.28

　動物の細胞は体外に取り出して培養することができる。一般に，正常な動物細胞を培養する場合には，グルコースやアミノ酸などの栄養素のほかに，細胞の増殖に必要な物質を含んだウシの血清などを加えたものを培養液として用いる。
　ラットの胎児由来の細胞を用いて，以下のような実験を行った。

実験1　シャーレに，栄養素のみの培養液，栄養素とウシの血清を2％または10％加

えた培養液を入れ，それぞれに同じ数の細胞を加え，その後の増殖のようすを観察したところ，図1に示すような結果が得られた。

実験2 血清を10%含む条件下で，**実験1**と同様に培養し，増殖が止まった細胞の培養液を，血清を10%含んだ新しい培養液と取り替えると，細胞はさらに増殖した（図2中の x，y）。

実験3 **実験2**と同じ条件の操作を繰り返したところ，新しい培養液と取り替えても細胞の増殖はみられなくなった（図2中の z）。

実験4 **実験3**で増殖しなくなった細胞群を適当な処理で一つ一つになるように解離し，希釈して，血清を10%含む培養液を入れた新しいシャーレに移したところ，再び増殖を始めた。

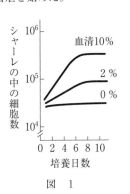

図　1

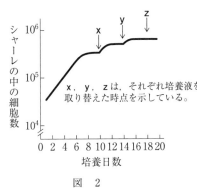

図　2

問1 **実験1**と**実験2**の結果から考えて，**実験1**で細胞の増殖が止まったことに関する記述として最も適当なものを，次から一つ選べ。
① 血清が2%の条件で細胞の増殖が止まったとき，シャーレにはそれ以上細胞が増殖できる空間は残っていない。
② 血清が2%の条件で細胞の増殖が止まったとき，血清を10%含んだ新しい培養液と取り替えても，細胞の増殖はみられない。
③ 血清が10%の条件で細胞の増殖が止まったのは，シャーレにそれ以上細胞が増殖できる空間がなくなったためである。
④ 血清が10%の条件で細胞の増殖が止まったのは，血清中の増殖に必要な物質を使い切ったためである。

問2 **実験1〜4**の結果から考えられる記述として最も適当なものを，次から一つ選べ。
① 細胞は，培養液を取り替える操作を繰り返すと，老化して増殖能力を失う。
② 細胞は，密度が高くなると，老化して増殖能力を失う。
③ 細胞は，密度が高くなると，血清中の増殖に必要な物質が十分にあっても増殖を停止する。
④ 細胞は，一つ一つになるように解離して新しいシャーレに移すと，血清中の増殖に必要な物質がなくても増殖を開始する。

（センター試験・本試）

第3章 生物の体内環境の維持

基本問題

§10 体液とそのはたらき

64 体液の組成

ヒトの体液に関して，次の液体ⓐ～ⓓのうち，組織液と組成（含んでいる物質とその濃度）が近いものの組合せとして最も適当なものを，下の①～⑥から一つ選べ。
ⓐ 血しょう　　　ⓑ 細胞質基質　　　ⓒ 海水　　　ⓓ リンパ液
① ⓐ，ⓑ　　② ⓐ，ⓒ　　③ ⓐ，ⓓ
④ ⓑ，ⓒ　　⑤ ⓑ，ⓓ　　⑥ ⓒ，ⓓ

65 血液(1)

健康なヒトにおける赤血球数，および血糖濃度の値の組合せとして最も適当なものを，下表から一つ選べ。

	赤血球数(個/mm^3)	血糖濃度(mg/mL)
①	50万	0.1
②	50万	1.0
③	500万	0.1
④	500万	1.0

66 血液(2)

血液に関する記述として最も適当なものを，次から一つ選べ。
① 酸素は，大部分が血しょうに溶解して運搬される。
② 血しょうは，グルコースや無機塩類を含むが，タンパク質は含まない。
③ フィブリンが分解されて，血ぺいができる。
④ 血小板は，二酸化炭素を運搬する。
⑤ 白血球は，ヘモグロビンを多量に含む。
⑥ 酸素濃度が上昇すると，より多くのヘモグロビンが酸素と結合する。

67 血液凝固

血液に関連して，植物のヤナギから抽出された成分を含む薬を飲んだところ，その作用によって，けがで静脈が傷ついた際に通常よりも出血が止まりづらくなった。このとき，ヤナギに含まれる成分が作用したと考えられるものとして最も適当なものを，次から一つ選べ。

① 赤血球　　② 白血球　　③ 血小板　　④ 血清

68 ペースメーカー

ヒトの場合，ペースメーカー（洞房結節）は心臓のどの部位に存在するか。最も適当なものを，次から一つ選べ。

① 右心房　　② 右心室　　③ 左心房　　④ 左心室

69 体液循環(1)

体液とその循環に関する記述として最も適当なものを，次から一つ選べ。
① 血液が流れる血管の壁は，動脈，毛細血管，静脈の順に薄くなる。
② リンパ液は，静脈で血液に合流する。
③ 血液は，試験管に入れて放置すると，血液凝固を起こし，沈殿物と血しょうに分離する。
④ 赤血球中のヘモグロビンのうち，酸素ヘモグロビンとして存在している割合は，肺静脈中より肺動脈中の方が多い。
⑤ 酸素は血しょうにより，二酸化炭素は赤血球により運搬される。

70 体液循環(2)

ヒトの血液の循環に関わる各器官のはたらきに関する記述として最も適当なものを，次から一つ選べ。
① 肺では，肺静脈から運ばれてきた血液が酸素の多い動脈血になる。
② 心臓の左心室は，動脈血を全身へ送り出すポンプのはたらきをする。
③ リンパ管は，リンパ液を動脈へ戻すはたらきをもつ。
④ 血管内には，組織へ酸素を運搬するタンパク質であるアルブミンを含む血液が流れる。
⑤ リンパ節，脾臓，胸腺，および副甲状腺はリンパ系を構成し，白血球やホルモンをさまざまな組織に運搬するはたらきをもつ。

71 体液循環(3)

ヒトにおける循環系に関する記述として最も適当なものを，次から一つ選べ。
① 動脈と静脈と毛細血管からなる開放血管系である。
② 体循環と肺循環の血液は，心臓内で混ざり合う。
③ 体循環では，血液は左心室から出て左心房に戻る。
④ 左心室から動脈に，右心室から静脈に，血液が送り出される。
⑤ リンパ液は，リンパ管の中を心臓から体の末端に向かって流れる。
⑥ 静脈には弁があり，血液が逆流しにくい。

72 酸素解離曲線(1)

右図は酸素解離曲線であり，酸素濃度と全ヘモグロビンに対する酸素ヘモグロビンの割合との関係を示す。2つの曲線は，1つは肺胞，もう1つは肺胞以外の組織と同等の二酸化炭素濃度のもとで測定した結果である。次の記述ⓐ〜ⓕのうち，ヘモグロビンの性質と酸素・二酸化炭素の血中運搬に関する正しいものの組合せとして最も適当なものを，下の①〜⑨から一つ選べ。

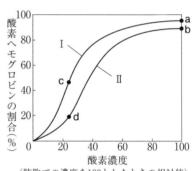
（肺胞での濃度を100としたときの相対値）

ⓐ 肺胞の酸素ヘモグロビンの割合は，点bで示される。
ⓑ 肺動脈を流れる血液の酸素ヘモグロビンの割合は，点cで示される。
ⓒ 二酸化炭素濃度が高い条件で測定されたのは曲線Ⅱである。
ⓓ 組織では，ad間の酸素ヘモグロビン量の差だけ，酸素が解離する。
ⓔ 組織では，bc間の酸素ヘモグロビン量の差だけ，酸素が解離する。
ⓕ 組織では，bd間の酸素ヘモグロビン量の差だけ，酸素が解離する。

① ⓐ, ⓓ　　② ⓐ, ⓔ　　③ ⓐ, ⓕ
④ ⓑ, ⓓ　　⑤ ⓑ, ⓔ　　⑥ ⓑ, ⓕ
⑦ ⓒ, ⓓ　　⑧ ⓒ, ⓔ　　⑨ ⓒ, ⓕ

73 酸素解離曲線(2)

ある哺乳類のヘモグロビンについて，右図に示す酸素解離曲線が得られたとする。この哺乳類の動脈血中の酸素濃度(相対値)は100で二酸化炭素濃度(相対値)は40，静脈血中の酸素濃度(相対値)が30で二酸化炭素濃度(相対値)が60であるとする。酸素ヘモグロビンの何％が組織で酸素を解離したと考えられるか。最も適当なものを，次から一つ選べ。
① 67% ② 70% ③ 75%
④ 79% ⑤ 83%

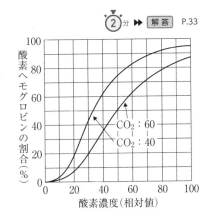

§11 肝臓と腎臓のはたらき

74 肝臓の位置

右図はヒトの腹部横断面を模式的に表したものである。図中のア～カのうち，肝臓を示すものはどれか。最も適当なものを，次から一つ選べ。
① ア ② イ
③ ウ ④ エ
⑤ オ ⑥ カ

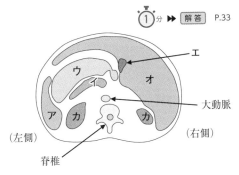

75 肝臓の構造(1)

右図は肝臓の一部分を拡大したものを模式的に表したものである。図についての記述として適当なものを，次の①～⑥から二つ選べ。なお，図の管Bには酸素を多く含む血液が流れている。
① 血液は，管Aから管Dの方向に流れている。
② 血液は，管Dから管Bの方向に流れている。
③ 管Aには，消化管からの血液が流れている。

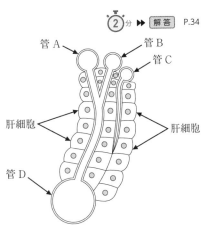

40 第3章 生物の体内環境の維持

④ 管Cから流れてきた液体は，肝細胞の隙間に拡散する。
⑤ 管Bは，肝静脈である。
⑥ 管Dは，肝門脈である。

76 肝臓の構造(2)　　　　　　　　　　　　　1分 ▶▶ 解答 P.34

次の文章中の空欄に入る語の組合せとして最も適当なものを，下表の①〜⑥から一つ選べ。

肝臓には，小腸などの消化管で吸収された栄養素を豊富に含む血液が ア を通って流入する。この流入する血液は，大動脈から イ を通って肝臓へ直接流入する血液の約4倍もの量になる。また，肝臓からの血液は ウ を通って心臓に送られる。

	ア	イ	ウ
①	肝門脈	肝動脈	肝静脈
②	肝門脈	肝静脈	肝動脈
③	肝動脈	肝門脈	肝静脈
④	肝動脈	肝静脈	肝門脈
⑤	肝静脈	肝動脈	肝門脈
⑥	肝静脈	肝門脈	肝動脈

77 肝臓のはたらき(1)　　　　　　　　　　　1分 ▶▶ 解答 P.34

次の文章中の空欄に入る語として最も適当なものを，下の①〜⑧からそれぞれ一つずつ選べ。

肝臓は，毒性の高い ア から毒性の低い尿素などをつくったり，不要になったヘモグロビンを分解し，その分解産物などを含み脂肪の消化を助ける イ を生成したりしている。

① アルブミン　　② アンモニア　　③ カタラーゼ
④ グリコーゲン　⑤ グロブリン　　⑥ 胆汁
⑦ 乳酸　　　　　⑧ フィブリン

78 肝臓のはたらき(2)

ヒトの肝臓の機能に関する記述として**適当でないもの**を，次から一つ選べ。
① 血しょうに含まれるタンパク質を合成する。
② グルコースをグリコーゲンとして貯蔵する。
③ アンモニアを尿素につくり変える。
④ 血中の主要な無機塩類の濃度を調節する。
⑤ 胆汁を生成する。

79 肝臓のはたらき(3)

肝臓のはたらきに関する記述として最も適当なものを，次から一つ選べ。
① グリコーゲンを結合させてグルコースをつくり，これを貯蔵している。
② アルブミンやインスリンなどの血しょう中に含まれるタンパク質を合成している。
③ 有害な尿素を解毒し，アンモニアを生成している。
④ 古くなった赤血球を分解し，生じたビリルビンを胆汁中に排出している。
⑤ 多くの消化酵素を合成し，十二指腸に分泌している。

80 腎臓の構造

ブタの腎臓は，ヒトの腎臓と大きさも構造もよく似ている。ブタの腎臓の外形を観察したところ，図1のように，中央部付近に3本の管(管a～c)がみられた。それぞれの内部を観察したところ，管aと管bには血液が付着していたが，管cには付着していなかった。また，管aと管bの切断面の壁の厚さを観察したところ，管aは管bより厚かった。

下線部に関して，管a～cの名称の組合せとして最も適当なものを，次から一つ選べ。

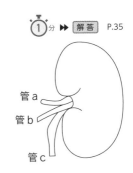

図1　腎臓の外形

	管a	管b	管c
①	腎動脈	腎静脈	細尿管(腎細管)
②	腎動脈	腎静脈	集合管
③	腎動脈	腎静脈	輸尿管
④	腎静脈	腎動脈	細尿管(腎細管)
⑤	腎静脈	腎動脈	集合管
⑥	腎静脈	腎動脈	輸尿管

42 第3章 生物の体内環境の維持

81 尿生成のしくみ(1)

⏱1分 ▶▶ 解答 P.36

健康なヒトの腎臓のはたらきに関する記述として最も適当なものを，次から一つ選べ。

① 血しょう中のタンパク質の全量が，原尿中に出てくる。

② 血しょうからろ過されるグルコースの全量が，細尿管で再吸収される。

③ 1分間に腎動脈を流れる血しょうの体積と，1分間にろ過されて生成される原尿の体積は等しい。

④ 尿は，肝臓で合成される尿素より，腎臓で合成される尿素を多く含む。

82 尿生成のしくみ(2)

⏱1分 ▶▶ 解答 P.36

健康なヒトの腎臓における尿生成に関する次の記述ⓐ〜ⓕのうち，正しいものの組合せとして最も適当なものを，下の①〜⑨から一つ選べ。

ⓐ タンパク質は，原尿に含まれているが，毛細血管に再吸収されるため，尿中には排出されない。

ⓑ タンパク質は，原尿に含まれているが，毛細血管に再吸収されないため，尿中に排出される。

ⓒ タンパク質は，原尿に含まれていないので，尿中には排出されない。

ⓓ グルコースは，原尿に含まれているが，毛細血管に再吸収されるため，尿中には排出されない。

ⓔ グルコースは，原尿に含まれているが，毛細血管に再吸収されないため，尿中に排出される。

ⓕ グルコースは，原尿に含まれていないので，尿中には排出されない。

① ⓐ, ⓓ 　② ⓐ, ⓔ 　③ ⓐ, ⓕ

④ ⓑ, ⓓ 　⑤ ⓑ, ⓔ 　⑥ ⓑ, ⓕ

⑦ ⓒ, ⓓ 　⑧ ⓒ, ⓔ 　⑨ ⓒ, ⓕ

83 尿生成のしくみ(3)

⏱1分 ▶▶ 解答 P.37

次の文章中の空欄に入る語の組合せとして最も適当なものを，次ページの表の①〜⑧から一つ選べ。

腎動脈を流れる血しょうは，腎臓で ア から イ 内にろ過され，原尿となる。この原尿が細尿管（腎細管）などを通過する間に成分の一部が ウ へ再吸収され，再吸収されなかった老廃物は尿中に排出される。

	ア	イ	ウ
①	糸球体	腎静脈	腎小体
②	糸球体	腎静脈	毛細血管
③	糸球体	ボーマンのう	腎小体
④	糸球体	ボーマンのう	毛細血管
⑤	集合管	腎静脈	腎小体
⑥	集合管	腎静脈	毛細血管
⑦	集合管	ボーマンのう	腎小体
⑧	集合管	ボーマンのう	毛細血管

84 腎臓のはたらきとホルモン(1)

腎臓のはたらきに関する記述として適当なものを，次から二つ選べ。
① ネフロン(腎単位)は，ヒトの腎臓1個当たり1万個ほどある。
② ネフロンは，腎小体と糸球体と細尿管(腎細管)からなる。
③ 腎小体は，腎臓に入る動脈が毛細血管となって集まった構造である。
④ 糸球体では，血しょう中のタンパク質の大部分がこし出され，原尿が生成される。
⑤ 原尿中のグルコースは，細尿管で毛細血管に再吸収される。
⑥ 原尿中の水分は，細尿管と集合管で毛細血管に再吸収される。
⑦ バソプレシンが腎臓に作用すると，ナトリウムの再吸収が増加する。
⑧ 鉱質コルチコイドが腎臓に作用すると，水分の再吸収が減少する。

85 腎臓のはたらきとホルモン(2)

右図は，ホルモンを分泌する内分泌腺の位置を示した模式図である。血しょう塩分濃度の調節に関わるホルモンの腎臓におけるはたらきと，そのホルモンを分泌する内分泌腺の位置(A～D)との組合せとして適当なものを，次ページの表の①～⑧から二つ選べ。

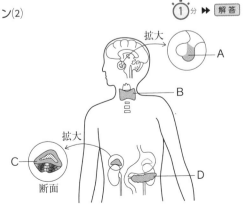

	腎臓におけるホルモンのはたらき	内分泌腺
①	水の再吸収を促進	A
②	水の再吸収を促進	B
③	Na⁺の再吸収を促進	C
④	Na⁺の再吸収を促進	D
⑤	水の再吸収を抑制	A
⑥	水の再吸収を抑制	B
⑦	Na⁺の再吸収を抑制	C
⑧	Na⁺の再吸収を抑制	D

86 尿生成と血糖濃度

尿生成の過程において，原尿中の物質の再吸収量は血液中のその物質の濃度と関係する。血液中の血糖量(mg/100mL)とグルコースの移動量(a：原尿への移動量[mg/分]，b：原尿からの再吸収量[mg/分]，c：尿への排出量[mg/分])との関係を表すグラフはどれか。最も適当なものを，次のグラフ①～⑥から一つ選べ。

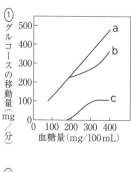
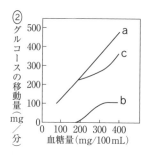
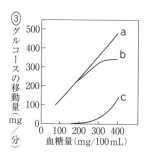
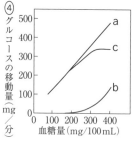
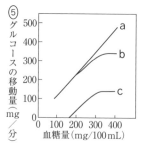
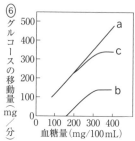

87 尿生成の計算

ある健康なヒトについて，一定時間につくられる原尿量と尿量はそれぞれ $X(L)$ と $Y(L)$ であった。また，尿素の濃縮率は Z であった。このヒトの測定期間における尿素の再吸収率(%)を表す式として最も適当なものを，次の①～⑤から一つ選べ。なお，尿素は尿生成の過程でろ過と再吸収のみによって移動するものとする。

① $\dfrac{Z-YZ}{X} \times 100$ ② $\dfrac{X-YZ}{X} \times 100$ ③ $\dfrac{X-Y}{X} \times 100$

④ $\dfrac{X-Y}{Z} \times 100$ ⑤ $\dfrac{X-YZ}{Z} \times 100$

88 魚類の体液濃度調節

次の文章中の空欄に入る語句の組合せとして最も適当なものを，下の①～⑥から一つ選べ。

海水産硬骨魚では，体液の塩類濃度が海水よりも低いので，体内の水分はたえず失われている。このため海水を飲んで腸から水分を吸収し，体内に入った余分な塩分をエラから能動的に排出する。一方，腎臓では尿からの水分の損失を抑えるために，ア の イ な尿を排出する。

	ア	イ		ア	イ
①	多量	体液に対して低濃度	②	多量	体液と等濃度
③	多量	体液に対して高濃度	④	少量	体液に対して低濃度
⑤	少量	体液と等濃度	⑥	少量	体液に対して高濃度

§12 体内環境の維持

89 自律神経のはたらき(1)

各器官のはたらきに対する交感神経の作用の組合せとして最も適当なものを，次から一つ選べ。

	胃腸の運動	心臓の拍動
①	促進	促進
②	促進	抑制
③	抑制	促進
④	抑制	抑制

90 自律神経のはたらき(2)

自律神経系に関する記述として最も適当なものを，次から一つ選べ。
① 自律神経系には，神経分泌細胞が含まれる。
② 自律神経系は，小脳，延髄，および脊髄から出ている。
③ 自律神経系は，内分泌腺にはたらかない。
④ 副交感神経のはたらきによって，心臓の拍動が促進される。
⑤ 交感神経のはたらきによって，胃腸の運動(ぜん動)が抑制される。

91 自律神経

自律神経に関して，右図中のA，B，およびCは，ヒトの脳と脊髄から自律神経が出ているおよその部位を示したものである。交感神経と副交感神経が出る部位の組合せとして最も適当なものを，下表の①～⑥から一つ選べ。

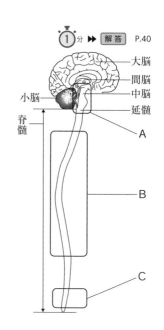

	交感神経	副交感神経
①	Aのみ	BとC
②	AとB	Cのみ
③	AとC	Bのみ
④	Bのみ	AとC
⑤	BとC	Aのみ
⑥	Cのみ	AとB

92 自律神経とホルモン(1)

ヒトが興奮したり緊張した状態で生じる，体内環境の応答に関する記述として**誤っているもの**を，次から一つ選べ。
① アドレナリンのはたらきによって，グリコーゲンの合成が促進される。
② 交感神経のはたらきによって，心拍数が増加する。
③ 糖質コルチコイドのはたらきによって，タンパク質からのグルコース合成が促進される。
④ チロキシンのはたらきによって，細胞における酸素の消費が増大し，細胞内の異化が促進される。

93 自律神経とホルモン(2)

ヒトのからだでは各々の器官が他の器官の調節を受け，適切にはたらいている。このことについて，次の文章中の空欄に入る語句の組合せとして最も適当なものを，下表の①～⑥から一つ選べ。

「 ア は， イ が増加すると， ウ される。」

	ア	イ	ウ
①	膵臓からのインスリンの分泌	交感神経の活動	促 進
②	肝臓でのグルコースの分解	副腎皮質からの糖質コルチコイドの分泌	促 進
③	肝臓でのグリコーゲンの合成	膵臓からのグルカゴンの分泌	促 進
④	脳下垂体前葉からの甲状腺刺激ホルモンの分泌	甲状腺からのチロキシンの分泌	抑 制
⑤	心臓の拍動	副腎髄質からのアドレナリンの分泌	抑 制
⑥	胃の運動	副交感神経の活動	抑 制

94 チロキシン

チロキシンに関する記述として最も適当なものを，次から一つ選べ。
① 副腎髄質から分泌される。
② 水の再吸収を促進する。
③ 副腎皮質刺激ホルモンの分泌を促進する。
④ 脳下垂体前葉からの甲状腺刺激ホルモンの分泌を抑制する。
⑤ 肝臓における代謝を抑制する。

95 血糖濃度調節(1)

次の文章中の空欄に入る語の組合せとして最も適当なものを，次ページの表の①～④から一つ選べ。

　血糖濃度が低いと，交感神経を通じて膵臓のA細胞と ア を刺激することで，それぞれグルカゴンとアドレナリンを分泌させる。同時に視床下部は放出ホルモンを分泌して イ を刺激し， ウ 刺激ホルモンを分泌させ， ウ から糖質コルチコイドを分泌させる。

	ア	イ	ウ
①	副腎皮質	脳下垂体前葉	副腎髄質
②	副腎皮質	脳下垂体後葉	副腎髄質
③	副腎髄質	脳下垂体前葉	副腎皮質
④	副腎髄質	脳下垂体後葉	副腎皮質

96 血糖濃度調節(2)

血糖濃度調節に関して，次の記述ⓐ～ⓕのうち，正しいものの組合せとして最も適当なものを，下の①～⑨から一つ選べ。

ⓐ 膵臓のA細胞からグルカゴンが分泌されると，肝臓からのグルコース放出が抑制される。
ⓑ 副腎髄質からアドレナリンが分泌されると，肝臓からのグルコース放出が促進される。
ⓒ 血糖濃度が低下すると，ランゲルハンス島を支配する副交感神経のはたらきが活発になる。
ⓓ 糖尿病では，肝臓でのグリコーゲン合成が促進される。
ⓔ 糖尿病では，細胞内へのグルコースの取り込みが抑制される。
ⓕ 糖尿病では，膵臓からのセクレチン分泌が抑制される。

① ⓐ, ⓓ ② ⓐ, ⓔ ③ ⓐ, ⓕ
④ ⓑ, ⓓ ⑤ ⓑ, ⓔ ⑥ ⓑ, ⓕ
⑦ ⓒ, ⓓ ⑧ ⓒ, ⓔ ⑨ ⓒ, ⓕ

97 体温調節(1)

体温調節中枢がはたらいた結果起こる現象として最も適当なものを，次から一つ選べ。

① 副腎髄質が刺激されて糖質コルチコイドの分泌が増加すると，放熱量(熱放散量)が増加する。
② 副腎皮質が刺激されて鉱質コルチコイドの分泌が増加すると，発熱量が増加する。
③ チロキシンの分泌が増加して肝臓の活動が高まると，発熱量が増加する。
④ アドレナリンの分泌が増加して筋肉の活動が高まると，発熱量が減少する。
⑤ 交感神経が興奮して汗の分泌が高まると，放熱量が減少する。
⑥ 副交感神経が興奮して汗の分泌が高まると，放熱量が減少する。

98 体温調節(2)

体温が低下したときの体温調節に関する記述として最も適当なものを，次から一つ選べ。
① 副腎髄質から糖質コルチコイドが分泌され，心臓の拍動を促進して，血液の熱を全身に伝える。
② 副腎皮質からアドレナリンが分泌され，心臓の拍動を促進して，血液の熱を全身に伝える。
③ 脳下垂体後葉から甲状腺刺激ホルモンが分泌され，肝臓や筋肉の活動を促進する。
④ 皮膚の血管に分布している交感神経が興奮して，皮膚の血管が収縮する。
⑤ 立毛筋に分布している副交感神経が興奮して，立毛筋が収縮する。

99 体温調節(3)

チロキシンが体温を上昇させるしくみとして最も適当なものを，次から一つ選べ。
① 肝臓での代謝を促進させる。
② 立毛筋を収縮させる。
③ 皮膚の血管を収縮させる。
④ 発汗を促進する。
⑤ インスリンの分泌を促進する。
⑥ アドレナリンの分泌を抑制する。

100 ホルモンの作用(1)

脳下垂体を除去した場合，マウスの体内で起こると考えられる変化として最も適当なものを，次から一つ選べ。
① アドレナリンの分泌が低下するので心拍数が上昇する。
② チロキシンの分泌が低下するので酸素消費量が減少する。
③ インスリンの分泌が低下するので血圧が下がる。
④ バソプレシンの分泌が低下するので血糖量が増加する。

101 ホルモンの作用(2)

ホルモンの作用に関する記述として**誤っているもの**を，次の①～⑦から二つ選べ。
① ホルモンは赤血球によって運ばれるので，血管から離れた場所の組織には作用しない。
② 一つのホルモンの作用は決まっていても，いくつかのホルモンが共同してはたらくので，さまざまな生理機能を制御できる。
③ あるホルモンは，特定の器官(標的器官)にのみ作用する。

④ 自律神経の刺激によって分泌されるホルモンもある。
⑤ 視床下部には，血液中のグルコース濃度の上昇を感じ，神経を通じてその濃度を低下させるホルモンの分泌を促す中枢がある。
⑥ 動物は，体内でホルモンを合成できないので，食物として摂取し利用している。
⑦ 一つの内分泌腺から複数のホルモンが分泌されている場合もある。

§13　生体防御

102 物理的・化学的防御(1)
ヒトの皮膚についての記述として最も適当なものを，次から一つ選べ。
① 皮膚の表面は角質層で覆われており，その細胞は盛んに分裂をしている。
② 皮膚の表面では，白血球が分泌するディフェンシンにより細菌を破壊している。
③ 皮膚の表面は弱酸性に保たれており，細菌の繁殖を防いでいる。
④ 皮膚の表面は粘膜に覆われており，細菌の侵入を防いでいる。

103 物理的・化学的防御(2)
異物が体内へ侵入するのを防ぐしくみの例として**適当でないもの**を，次から一つ選べ。
① 皮膚の外分泌腺から分泌される汗には，細菌感染を妨げる酵素が含まれる。
② けがなどで出血した場合，血液が固まり傷口をふさぐことにより，異物の侵入を防いでいる。
③ 予防接種により，特定の病原体による病気の発症を予防する。
④ 皮膚表面は汗や皮脂により弱酸性に保たれており，微生物の繁殖を抑えている。
⑤ 胃の外分泌腺から分泌される胃液（胃酸）には，細菌を殺す作用がある。
⑥ 粘膜は粘液を分泌しており，病原菌の定着・繁殖を防いでいる。

104 自然免疫
炎症についての記述として**誤っているもの**を，次から一つ選べ。
① NK細胞や好中球などの白血球が炎症部位に集まっている。
② NK細胞が病原体に感染した細胞を盛んに破壊している。
③ 毛細血管を構成する細胞どうしが強く結合した状態になっている。
④ 局所的に赤く腫れ，熱や痛みをもった状態になっている。

105 適応免疫(1)

免疫に関する記述として最も適当なものを，次から一つ選べ。
① 抗体は，血小板によってつくられ，血しょうに放出される。
② 抗体をつくる原因となる抗原は，病原体に限られる。
③ リンパ球には，抗体をつくらずに病原体を排除するしくみを備えているものもある。
④ 赤血球は，細菌やウイルスを取り込んで排除する。
⑤ 免疫は，生体防御において重要な役割をもっているので，生体に不都合な影響を与えることはない。

106 適応免疫(2)

生体防御のしくみに関する記述として適当なものを，次から二つ選べ。
① 汗に含まれる酵素が細菌の細胞壁を分解して細菌を破壊するのは，体液性免疫の一つである。
② 体液性免疫では，体内に侵入した異物に対する抗体をつくらず，食作用により排除する。
③ 細胞性免疫は，移植された組織の拒絶反応にもはたらく。
④ 細胞性免疫では，活性化したB細胞が抗体をつくる細胞に変化し，抗体を細胞外に放出する。
⑤ 細胞性免疫は，がん細胞に作用し得る。

107 適応免疫(3)

生物が自分の体にとって異物と認識したものは抗原と呼ばれ，抗原が体内に侵入した場合，白血球の一種であるリンパ球がつくる抗体のはたらきによって抗原は排除される。このことに関する記述として誤っているものを，次から一つ選べ。
① リンパ球がつくる抗体は，抗原と特異的に結合する。
② リンパ球は，体液中に抗体を放出する。
③ 抗体は，タンパク質でできている。
④ ある種の白血球は，抗体と結合した抗原を排除する。
⑤ 同じ抗原の2回目以降の侵入に対して，リンパ球は速やかに反応し，抗体がつくられる。
⑥ 過剰な量の抗原に対して抗原抗体反応が起こらなくなることがあり，これをアレルギーという。

108 適応免疫(4)

抗体の産生と機能に関する記述として最も適当なものを，次から一つ選べ。
① マクロファージは，抗体を産生する。
② 抗原を認識して活性化したヘルパーT細胞は，同じ抗原を認識したB細胞の増殖を促進し，形質細胞への分化を抑制する。
③ 抗体によって抗原を排除することを細胞性免疫と呼ぶ。
④ ウマは，ヒトのタンパク質を抗原として認識しないため，それに対する抗体を産生しない。
⑤ 抗体が結合した抗原は，マクロファージなどの食作用によって排除される。

109 適応免疫(5)

健康なヒトにおける抗体産生のしくみに関する次の文章中の空欄に入る語の組合せとして最も適当なものを，下表の①～⑧から一つ選べ。

病原体などの異物が体内に侵入すると，好中球，マクロファージ，[ア]などが異物を食作用により分解する。その後，マクロファージや[ア]は，分解した異物の一部分を[イ]として細胞表面に提示する。[イ]の情報を受け取ったヘルパーT細胞は増殖し，同じ[イ]を認識した[ウ]を活性化する。活性化した[ウ]は増殖し，大量の抗体を産生して体液中に分泌する。

	ア	イ	ウ
①	樹状細胞	抗原	キラーT細胞
②	樹状細胞	抗原	B細胞
③	樹状細胞	ワクチン	キラーT細胞
④	樹状細胞	ワクチン	B細胞
⑤	血小板	抗原	キラーT細胞
⑥	血小板	抗原	B細胞
⑦	血小板	ワクチン	キラーT細胞
⑧	血小板	ワクチン	B細胞

110 適応免疫(6)

生体防御に関連する次の記述ⓐ～ⓓのうち，健康な成人において正しいものの組合せとして最も適当なものを，下の①～⑧から一つ選べ。

ⓐ マクロファージ，樹状細胞，およびT細胞は，外界から侵入した病原体を食作用により直接排除する。
ⓑ ヘルパーT細胞は，体液性免疫と細胞性免疫の両方に関わる。
ⓒ B細胞は胸腺に由来し，ヘルパーT細胞からの刺激により，抗体を産生するようになる。
ⓓ キラーT細胞は胸腺で成熟し，ウイルスなどに感染した細胞を攻撃する。

① ⓐ, ⓑ   ② ⓐ, ⓒ   ③ ⓐ, ⓓ   ④ ⓑ, ⓒ
⑤ ⓑ, ⓓ   ⑥ ⓒ, ⓓ   ⑦ ⓐ, ⓑ, ⓒ   ⑧ ⓑ, ⓒ, ⓓ

111 適応免疫(7)

下図は，ヒトの抗体産生のしくみについて模式的に表したものである。抗原が体内に入ると，細胞 x が抗原を取り込んで，抗原情報を細胞 y に伝える。それを受けて，細胞 y は細胞 z を活性化し，形質細胞へと分化させる。

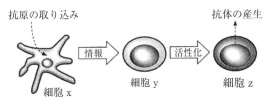

細胞 x，y および z に関する次の記述ⓐ～ⓓのうち，正しい記述を過不足なく含むものを，下の①～⑨から一つ選べ。

ⓐ 細胞 x，y および z は，いずれもリンパ球である。
ⓑ 細胞 x はフィブリンを分泌し，傷口をふさぐ。
ⓒ 細胞 y は体液性免疫に関わるが，細胞性免疫には関わらない。
ⓓ 細胞 z は B 細胞であり，免疫グロブリンを産生するようになる。

① ⓐ   ② ⓑ   ③ ⓒ
④ ⓓ   ⑤ ⓐ, ⓒ   ⑥ ⓐ, ⓓ
⑦ ⓑ, ⓒ   ⑧ ⓑ, ⓓ   ⑨ ⓒ, ⓓ

112 適応免疫(8)

ヒトが同一の病原体に繰り返し感染した場合に産生する抗体の量の変化を表すグラフとして最も適当なものを，次から一つ選べ。ただし，最初の感染日を0日目とし，同じ病原体が2回目に感染した時期を矢印で示している。

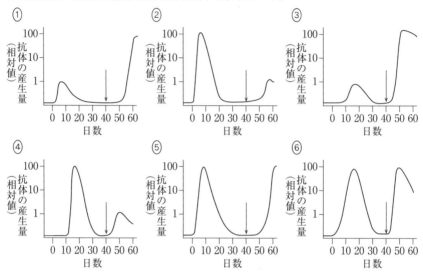

113 免疫と病気

免疫と病気に関する記述として**誤っているもの**を，次から一つ選べ。
① アレルギーの例として，花粉症がある。
② ハチ毒などが原因で起こる急性のショック(アナフィラキシーショック)は，アレルギーの一種である。
③ 栄養素を豊富に含む食物でも，アレルギーを引き起こす場合がある。
④ エイズのウイルス(ヒト免疫不全ウイルス, HIV)は，B細胞に感染することによって免疫機能を低下させる。
⑤ 1型糖尿病は自己免疫病の一種である。

114 免疫と医療

免疫と医療に関する記述として最も適当なものを，次から一つ選べ。
① 予防接種では，弱毒化や無毒化した病原体や毒素を投与する。
② 予防接種は，病気の症状の改善を目的として行われる。
③ 血清療法では，特定の抗原に対する抗体を含む血ぺいを投与する。
④ 血清療法は，長期にわたり病気を予防することを目的として行われる。

実戦問題

115

ヒトを含む哺乳類の(a)血液は，(b)心臓を中心に循環している。血液は，液体成分の血しょうと，有形成分の(c)血球からなり，それぞれ異なる役割を果たしている。

問1 下線部(a)に関連して，ヒトにおける血液の循環に関する記述として最も適当なものを，次から一つ選べ。
① 運動すると，筋肉に流入する血液の量は減少する。
② 交感神経の興奮により，心拍数は減少する。
③ 肺動脈を流れる血液は，肺静脈を流れる血液よりも酸素を多く含む。
④ 毛細血管では，血しょうの一部がしみ出し，組織液に加わる。
⑤ 肝臓から肝門脈を通って，小腸などの消化管に血液が流入する。
⑥ 静脈からリンパ管に血液が流入する。

問2 健康なヒトに関する記述として適当なものを，次から二つ選べ。
① 水分量の調節は，主に免疫系と自律神経系が担っている。
② 体温の調節は，主に自律神経系と内分泌系が担っている。
③ 体液は，体重の約70%を占めている。
④ 血液の有形成分である赤血球，白血球，および血小板は，いずれも無核の細胞である。
⑤ 採血した血液から血液凝固により生じた血ぺいを除いた上澄みが血しょうであり，抗体を含む。
⑥ リンパ節にはリンパ球が集まっており，リンパ液中の異物を取り除く。

問3 下線部(b)に関連して，血液循環は，心臓の左心室と右心室を仕切る壁によって，肺循環と体循環の二つに大別されている。肺循環では，全身から集められた血液が右心室から肺へと送られ，肺で二酸化炭素を放出し，酸素を取り込んだ後，左心房へと戻る。体循環では，肺から戻った血液が左心室から全身へと送られ，毛細血管で各組織に酸素を供給し，二酸化炭素を受け取り，右心房へと戻る。この血液循環において，左心室と右心室を仕切る壁に大きな孔が開いた場合に起きると考えられる血液の循環の記述として最も適当なものを，次から一つ選べ。
① 肺静脈から左心房に戻ってきた血液の一部が，再び，肺へと送り出される。
② 肺動脈を流れる血液が，肺静脈を流れる血液よりも多くの酸素を含有する。
③ 左心室から送り出された血液の一部が，全身をめぐった後，左心房へと戻る。
④ 右心室から送り出された血液の一部が，肺に到達した後，右心房へと戻る。

問4 下線部(c)に関連して，赤血球に含まれるヘモグロビンが酸素と結合する割合は，血液中の二酸化炭素の濃度によって変化する。次ページの図1は，静止している筋肉の血管における血液の酸素解離曲線を示している。活発に収縮を繰り返している

筋肉の血管では、血液中の二酸化炭素濃度は上昇する。一方、肺胞の血管における血液の二酸化炭素濃度は、静止している筋肉よりも低い。活発に収縮している筋肉と肺胞における血液の酸素解離曲線（実線）として最も適当なものを、下のグラフ①〜④からそれぞれ一つずつ選べ。ただし、同じものを繰り返し選んでもよい。また、①〜④の破線は、図1に示した曲線と同じものである。

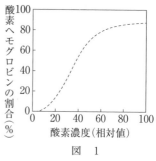

図 1

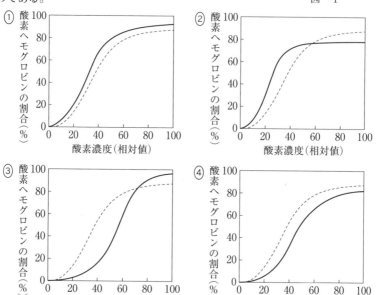

（センター試験・本試＋追試）

116

腎臓の腎小体は、血液中の成分をろ過して原尿をつくっている。原尿に含まれる多くの物質は細尿管（腎細管）を通るうちに<u>再吸収</u>され、再び血液へと戻される。

下線部に関連して、それぞれの物質が再吸収される効率は、濃縮率（尿中の物質濃度を血しょう中の物質濃度で割った数値）で表すことができる。次ページの表1は、健康なヒトにおけるさまざまな物質の血しょう中の濃度（質量パーセント）、原尿中および尿中に含まれる1日当たりの量と、濃縮率を示している。表1の空欄　ア　〜　ウ　に入る数値の組合せとして最も適当なものを、次ページの①〜⑧から一つ選べ。

表　1

物質名	血しょう[%]	原尿[g/日]	尿[g/日]	濃縮率
水	91.0	170000	1425	1
タンパク質	7.5	ア	0	0
グルコース	0.1	イ	0	0
尿素	0.03	51	27	ウ
クレアチニン	0.001	1.7	1.5	100

	ア	イ	ウ
①	0	0	60
②	0	0	900
③	0	170	60
④	0	170	900
⑤	13000	0	60
⑥	13000	0	900
⑦	13000	170	60
⑧	13000	170	900

(センター試験・本試)

117

ネズミの甲状腺を除去し，10日後に調べたところ，除去しなかったネズミに比べて代謝の低下がみられた。また，血液中にチロキシンは検出できなかった。除去手術後5日目から，一定量のチロキシンをある溶媒に溶かして5日間注射したものでは，10日後でも代謝の低下は起こらなかった。この結果から，チロキシンは代謝を高めるようにはたらいている，と推論した。

問1　この推論を証明するためには，ほかにも実験群(対照実験群)をいくつか用意して比較観察する必要があった。最も必要と考えられる対照実験群を，次から一つ選べ。
① 甲状腺を除去せず，チロキシンを注射しない群
② チロキシン注射に加えて，除去手術後5日目に甲状腺を移植する群
③ 除去手術後5日目から，この実験に用いた溶媒だけを注射する群
④ この実験に用いた溶媒と異なる種類の溶媒に溶かしたチロキシンを除去手術直後から注射する群

問2 甲状腺を除去してから10日後に代謝の低下がみられたネズミの血液中で，最も増加していると推定されるホルモンを，次から一つ選べ。
① 甲状腺刺激ホルモン　② 成長ホルモン　③ バソプレシン
④ アドレナリン　⑤ インスリン

問3 問2で選んだホルモンが増加する理由として，最も適当なものを次から一つ選べ。
① ネズミは興奮状態になり，交感神経の活動が促進されるため。
② 代謝の低下により，血糖濃度が上昇するため。
③ チロキシンによる負のフィードバック作用がなくなるため。
④ チロキシンによる正のフィードバック作用がなくなるため。
⑤ チロキシンの分泌が10日後に再び高まるため。

問4 肝臓や組織での代謝を，他のホルモンの作用を介さず直接に促進するホルモンには，チロキシン以外にどのようなものがあるか。適当なものを次から二つ選べ。
① 甲状腺刺激ホルモン　② セクレチン　③ パラトルモン
④ 鉱質コルチコイド　⑤ 糖質コルチコイド　⑥ バソプレシン
⑦ 副腎皮質刺激ホルモン　⑧ アドレナリン

（センター試験・本試）

118

ウズラの生殖腺の発達に及ぼす日長の効果を調べるために，ふ化後，6時間明期18時間暗期の条件で1か月飼育した未成熟のウズラを，図1のようないろいろな長さの明暗の周期を与え続けて，2か月飼育した。図1には2か月後の生殖腺の発達の状態を大小で示してある。なお，連続明期で2か月飼育すると生殖腺の大きさは**大**となり，連続暗期では**小**となった。

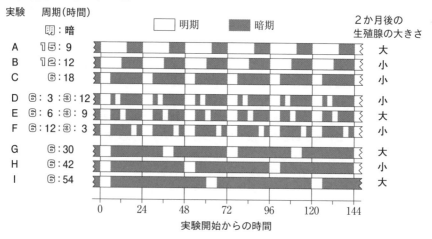

図　1

問1　実験A～Cの結果のみから判断して，生殖腺の発達を引き起こすのが明期であると仮定すれば，その最小限の連続した長さ(t時間)はどの範囲にあると考えられるか。最も適当なものを，次から一つ選べ。
① $3 < t \leq 6$　② $6 < t \leq 9$　③ $9 < t \leq 12$
④ $12 < t \leq 15$　⑤ $15 < t \leq 18$　⑥ $18 < t \leq 21$

問2　実験A～Fの結果のみから判断して，生殖腺の発達を抑制するのが暗期であると仮定すれば，その最小限の連続した長さ(t時間)はどの範囲にあると考えられるか。最も適当なものを，次から一つ選べ。
① $3 < t \leq 6$　② $6 < t \leq 9$　③ $9 < t \leq 12$
④ $12 < t \leq 15$　⑤ $15 < t \leq 18$　⑥ $18 < t \leq 21$

問3　実験A～Iの結果のすべてを説明するのに適当な記述を，次から二つ選べ。
① 生殖腺の発達は，1日当たりの暗期の長さのみによって決定される。
② 生殖腺の発達は，1日当たりの明期の長さのみによって決定される。
③ 生殖腺の発達は，明期が入る時期によって決定される。
④ 生殖腺の発達は，明暗の周期に影響されない。
⑤ 生殖腺の発達は，明暗の周期が，24, 36, 48, 60時間と長くなることにより引き起こされる。
⑥ 生殖腺の発達に関して，光の刺激に対する感受性にリズムがある。
⑦ 生殖腺の発達に関して，光の刺激に対する感受性にリズムはない。
⑧ 生殖腺の発達に関して，光の刺激に対する感受性にリズムがあるかないかはこの実験からはいえない。

(センター試験・追試)

119

脳下垂体のはたらきについての**実験1**・**実験2**を行った。

実験1　脊椎動物の精巣の発達は脳下垂体ホルモンの支配を受けている。いま，さまざまな日齢(出生後の日数)でシロネズミを麻酔して脳下垂体を除去した後，適当な間隔で精巣の重量変化を調べた。その結果を図1に白丸で示してある。麻酔はしたが脳下垂体を除去しなかったシロネズミ(対

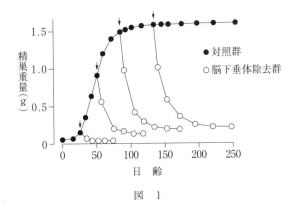

図　1

照群）の精巣重量の変化は，図1に黒丸で示してある。図中の矢印は，脳下垂体の除去を行った日齢を示す。

問1 実験1の結果から導かれる結論として正しいものを，次から二つ選べ。
① 精巣重量は，脳下垂体を除去すると減少する。
② 精巣重量は，脳下垂体を除去しても増加する。
③ 脳下垂体除去による精巣重量の変化が，除去の効果か除去手術時の麻酔の効果かは，これだけの結果からは判定できない。
④ 脳下垂体除去による精巣重量の変化量は，ネズミの日齢とは関係なく一定である。
⑤ 脳下垂体除去による精巣重量の変化量は，ネズミが若いほど大きい。
⑥ 脳下垂体除去による精巣重量の変化量は，精巣が発達しているほど大きい。

実験2 シロネズミの脳下垂体後葉にはバソプレシンが含まれている。いま，脳下垂体後葉を除去し，その後の飲水量と尿量の変化を測定し，後葉を除去しなかった対照群と比較したところ，図2のような結果が得られた。また，脳下垂体後葉除去2週後に脳下垂体を観察すると，神経分泌細胞の軸索が集まって脳下垂体後葉を再生していた。

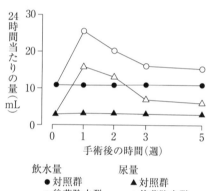

図　2

問2 実験2の結果から導かれる結論として正しいものを，次から二つ選べ。
① 脳下垂体後葉除去後の飲水量と尿量の変化には逆の関係がある。
② 脳下垂体後葉除去後の飲水量と尿量の変化には平行的な関係がある。
③ 脳下垂体後葉を除去しても飲水量と尿量には何の影響もない。
④ 再生脳下垂体後葉にはバソプレシン分泌能力がない。
⑤ 再生脳下垂体後葉はバソプレシンを分泌し，飲水量と尿量を増加させる。
⑥ 再生脳下垂体後葉はバソプレシンを分泌し，飲水量と尿量を減少させる。
⑦ 脳下垂体後葉の再生と飲水量・尿量との間には何の関係もない。

問3 シロネズミの排出器官で，バソプレシンの受容体が存在している部位として最も適当なものを，次から一つ選べ。
① 糸球体　② ボーマンのう　③ 細尿管
④ 集合管　⑤ 腎う　⑥ 輸尿管

（センター試験・追試）

120

ヒトには，血液中に分泌されるホルモン量を適切に調節し，個体の成長を制御したり恒常性を維持したりするしくみがある。両生類においても同様のしくみがはたらいている。カエルのオタマジャクシ（幼生）では，変態期になると，チロキシン（甲状腺ホルモン）や糖質コルチコイドの血液中の濃度は，数倍から十数倍に増加する。これらのホルモンは，両生類の変態を誘起したり，変態の進行速度を調節したりするので，その結果，四肢が形成され，尾が退縮して，幼生は成体と同じ形になる。

これらのホルモンによる変態の誘起・調節作用は，体から切り離した器官に対しても有効である。例えば，変態期に入る前の幼生の尾部片を培養液に入れ，ホルモンを添加すると，尾部片は退縮する。この現象を用いて，幼生の変態における甲状腺ホルモンと糖質コルチコイドのはたらきを調べるため，次の**実験1**を行った。

実験1 変態期に入る前の発生段階にあるアフリカツメガエルの幼生の尾部を，次の図1のように，付け根付近から切断して培養液に入れた。この培養液に，甲状腺ホルモンと糖質コルチコイドを下の表1のⅠ～Ⅴ群に示すような濃度と組合せで添加した。変態による尾部片の退縮を調べるため，側面から見たときの尾部片の面積を測定し，もとの大きさ（0日目の大きさ）に対する相対値の平均値を下の図2のようなグラフにした。ただし，使用したホルモンの濃度は，実験に使用した幼生の血中濃度を1としたときの相対値で示し，尾部片中に残存するホルモンは無視できるものとする。

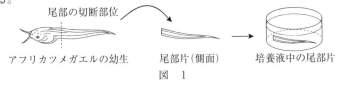

図 1

表 1

実 験 群	Ⅰ群	Ⅱ群	Ⅲ群	Ⅳ群	Ⅴ群
甲状腺ホルモン（相対値）	0	1	10	0	1
糖質コルチコイド（相対値）	0	0	0	10	10

問1 尾部片の面積が相対値で0.8を下回った場合を変態が誘起されたものとしたとき，**実験1**の結果から導かれる推論として適当なものを，次の①～⑦から二つ選べ。

① 甲状腺ホルモンは単独で変態を誘起するが，糖質コルチコイドは単独では変態を誘起しない。

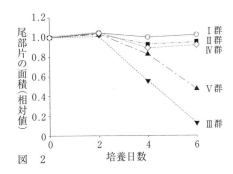

図 2

62 第3章　生物の体内環境の維持

②　糖質コルチコイドは単独で変態を誘起するが，甲状腺ホルモンは単独では変態
　　を誘起しない。

③　甲状腺ホルモンと糖質コルチコイドは，それぞれ単独で変態を誘起する。

④　甲状腺ホルモンは，糖質コルチコイドによる変態の誘起作用を促進する。

⑤　甲状腺ホルモンは，糖質コルチコイドによる変態の誘起作用を抑制する。

⑥　糖質コルチコイドは，甲状腺ホルモンによる変態の誘起作用を促進する。

⑦　糖質コルチコイドは，甲状腺ホルモンによる変態の誘起作用を抑制する。

問2　変態期になる前の幼生から，ある器官を除去すると，変態ができなくなる。**実
験1**の結果から，除去すると幼生が変態できなくなると考えられる器官を過不足な
く含むものを，次から一つ選べ。ただし，器官の除去は幼生の生存に影響を与えな
いものとする。

①　脳下垂体　　　　　　　②　甲状腺　　　　　　　③　副腎

④　脳下垂体，甲状腺　　　⑤　脳下垂体，副腎　　　⑥　甲状腺，副腎

⑦　脳下垂体，甲状腺，副腎

（センター試験・本試）

121

⏱ ⑤分 ▶ 解答　P.52

アスカとシンジは，病院の待合室で薬の投与法について議論した。

アスカ：薬は錠剤みたいに口から飲むものが多いけど，考えてみると，湿布や目薬の
　　　　ように表面から直接だったり，注射だったり，いろいろな投与法があるわよ
　　　　ね。

シンジ：そうだね。なぜ，筋肉痛の薬は皮膚に塗るだけで効くのかな。

アスカ：例えば，湿布にもよく入っているインドメタシン製剤は，脂溶性にしている
　　　　から皮膚を通して患部の細胞の中まで浸透するのよ。

シンジ：糖尿病の薬として使う(a)インスリンは注射だね。

アスカ：そうね。重い糖尿病では，毎日何度も注射しないといけないという話ね。イ
　　　　ンスリンはタンパク質の一種だから，口から飲むと　ア　からなんですって。

シンジ：そうそう，ハブに咬まれたときに使う血清も注射だよね。

アスカ：そうね。その血清は，ハブ毒素に対する抗体を含んでいるから，毒素に結合
　　　　して毒の作用を打ち消すのよ。

シンジ：じゃあ，毒素の作用を完全に打ち消すためには，(b)日をおいてもう一度血清
　　　　を注射した方がいいのかなあ。

アスカ：あれっ，血清を二度注射すると，血清に対する強いアレルギー反応が起こる
　　　　んじゃないかな。

問1　下線部(a)についての記述として最も適当なものを，次の①～⑤から一つ選べ。

①　薬として開発されたタンパク質で，本来はヒトの体内に存在しない。

② 肝臓ではたらく酵素で，グルコースからグリコーゲンを合成する。
③ 小腸上皮から分泌される消化酵素で，グリコーゲンを分解する。
④ 副腎髄質から分泌されるホルモンで，血糖濃度を増加させる。
⑤ ランゲルハンス島から分泌されるホルモンで，血糖濃度を減少させる。

問2 上の会話文中の ア に入る文として最も適当なものを，次から一つ選べ。
① 効果が強くなりすぎる
② 抗原抗体反応で無力化されてしまう
③ 分解も吸収もされずに体外に排出されてしまう
④ 吸収に時間がかかりすぎる
⑤ 消化により分解されてしまう

問3 下線部(b)について，ハブに咬まれた直後に血清を注射した患者に，40日後にもう一度血清を注射したと仮定する。このとき，ハブ毒素に対してこの患者が産生する抗体の量の変化を示すグラフとして最も適当なものを，次から一つ選べ。

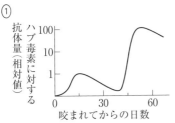

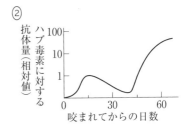

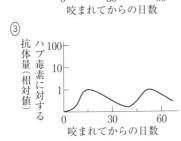

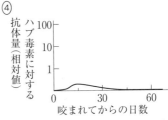

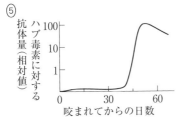

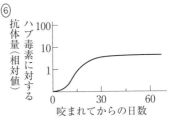

(共通テスト試行調査)

64　第3章　生物の体内環境の維持

122　　　　　　　　　　　　　　　　　　　④分 ▶▶ 解答 P.53

(a)ヒトの皮膚や消化管などの上皮は，外界からの菌などの異物の侵入を物理的・化学的に防いでいるが，その防御が破られると体内に異物が侵入する。樹状細胞などがその侵入した異物を分解し，ヘルパーT細胞に抗原情報として伝えると，(b)適応免疫がはたらく。抗原の情報を受け取ったヘルパーT細胞は，同じ抗原を認識するキラーT細胞を刺激して増殖させる。自分とは異なるMHC分子*をもつ他人の皮膚が移植されると，(c)キラーT細胞がその皮膚を非自己と認識して排除し，移植された皮膚は脱落する。

　　*MHC分子：細胞の表面に存在する個体に固有なタンパク質で，自身のものでないMHC
　　　　　　　分子をもつ細胞は非自己として認識される。

問1　次の@〜@の記述のうち，下線部(a)の例の組合せとして最も適当なものを，下の①〜⑥から一つ選べ。

　@　気管支の内面は，繊毛に覆われている。
　ⓑ　マクロファージが食作用を行う。
　ⓒ　消化管の内壁では，粘液が分泌される。
　ⓓ　膵臓からグルカゴンが分泌される。

　①　@，ⓑ　　　　②　@，ⓒ　　　　③　@，ⓓ
　④　ⓑ，ⓒ　　　　⑤　ⓑ，ⓓ　　　　⑥　ⓒ，ⓓ

問2　下線部(b)に関連して，適応免疫のうち細胞性免疫がもつはたらきの例として最も適当なものを，次から一つ選べ。
　①　がん細胞を認識して，直接攻撃し排除する。
　②　ヘビの毒素をあらかじめ接種したウマから得られた血清を，ヘビに咬まれたヒトに注射すると，ヘビの毒素は無毒化される。
　③　エイズ(AIDS)を引き起こす。
　④　スギやブタクサの花粉を抗原として認識し，花粉症を起こす。

問3　下線部(c)に関連して，MHC分子が異なる三匹のマウスX，Y，およびZを用いて皮膚移植の実験計画を立てた。マウスXとYには生まれつきT細胞が存在せず，マウスZにはT細胞が存在する。また，マウスもヒトと同様の細胞性免疫機構によって，非自己を認識して排除することが知られている。これらのことから，予想される実験結果に関する記述として最も適当なものを，次から一つ選べ。
　①　マウスXの皮膚をマウスYに移植すると，拒絶反応により脱落する。
　②　マウスYの皮膚をマウスZに移植すると，拒絶反応により脱落する。
　③　マウスZの皮膚をマウスXに移植すると，拒絶反応により脱落する。
　④　マウスZの皮膚をマウスZに移植すると，拒絶反応により脱落する。

（センター試験・追試）

123

免疫反応は，体内に侵入した異物や細菌を排除する役割を担っている。免疫反応のしくみについて調べるため，次の**実験1～3**を行った。ただし，実験に用いるマウスa，b，cは同一系統であり，互いに組織を移植した際の拒絶反応は起こらない。

実験1 マウスaに，ある病原体由来の無毒化した抗原Zを注射した。10日後このマウスの尾から血液を少量採取したところ，抗原Zに対する抗体が含まれていた。

実験2 マウスbに十分強いX線を照射したところ，抗原Zを注射しても，抗原Zに対する抗体は産生されなかった。

実験3 X線を照射していないマウスcの脾臓から取り出した ア を，**実験2**のマウスbに注入した。その後，マウスbに抗原Zを注射したところ，**実験1**でみられたように抗体が産生された。しかし， ア 以外のものを移植した場合には，抗体は産生されなかった。この結果から， イ 免疫において， ア が重要な役割をもっていることが明らかとなった。

問1 上の文章中の空欄に入る語の組合せとして最も適当なものを，次から一つ選べ。

	ア	イ		ア	イ		ア	イ
①	血小板	細胞性	②	リンパ球	細胞性	③	赤血球	細胞性
④	血小板	体液性	⑤	リンパ球	体液性	⑥	赤血球	体液性

問2 **実験1**における採血後，続いて，初回と同量の抗原Zをもう一度マウスaに注射した。このときに得られる結果として最も適当なものを，次から一つ選べ。

① 二度目の抗原Zの注射によって，新たに抗原Zに対する抗体が産生されることはない。
② 二度目の抗原Zの注射によって，抗原Z以外の抗原に対する抗体も，同時に産生されるようになる。
③ 抗原Zに対する抗体が産生されるまでの時間や産生量は，一度目の抗原注射時と二度目とで変化がない。
④ 抗原Zに対する抗体の産生量は，一度目の抗原注射時に比べて二度目の方が多く産生される。
⑤ 抗原Zに対する抗体が産生されるまでの時間は，一度目の抗原注射時に比べて二度目の方が長い。

問3 免疫に関する記述として**誤っているもの**を，次から一つ選べ。

① 抗体は抗原となる病原体と結合することによって，病原性を低下させたり失わせたりする。
② 抗原となる病原体は，白血球の食作用により効率よく処理される。
③ 産生された抗体は，血しょうなどの体液中に分泌され，抗原の新たな侵入に備える。
④ 抗原となる病原体が直ちに病気を引き起こさない場合，抗体は産生されない。
⑤ 抗原抗体反応は，病気を引き起こす場合もある。

(センター試験・追試)

第4章 植生の多様性と分布

基本問題

§14 植生とその成り立ち

124 森林の構造

森林にみられる垂直方向の構造の名称として最も適当なものを，次から一つ選べ。
① 垂直分布　② 水平分布　③ 階層構造
④ 生活形　　⑤ 生態ピラミッド　⑥ 栄養段階

125 見かけの光合成速度

次の文章中の空欄に入る語の組合せとして最も適当なものを，下の①～⑧から一つ選べ。ただし，図のXとYは陽樹，陰樹のどちらかの型に対応しており，見かけの光合成速度は，葉が CO_2 を吸収している状態を(+)，放出している状態を(−)で示してある。

右図は，陽樹および陰樹の幼木において葉が受ける光の強さと葉の光合成速度との関係（光−光合成曲線）を模式的に示している。図には，X型の方が葉の最大光合成速度**が大きく，見かけの光合成速度（葉の単位面積当たりの CO_2 吸収速度）が正から負に変わる光の強さが ア ことが示されている。森林内の地表での生育には， イ 型の光−光合成曲線で示される光合成特性をもつ方が有利となる。森林の遷移が進行するに従い ウ 型の光合成特性をもつ樹木が減少する。

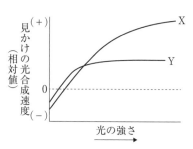

**最大光合成速度：光が十分に強い場合，光がさらに強くなっても光合成速度は増加しなくなる。この状態における光合成速度のこと。

	ア	イ	ウ		ア	イ	ウ
①	小さい	X	X	②	小さい	Y	X
③	小さい	X	Y	④	小さい	Y	Y
⑤	大きい	X	X	⑥	大きい	Y	X
⑦	大きい	X	Y	⑧	大きい	Y	Y

126 低木層の植物

発達した森林の低木層の葉の特徴として最も適当なものを，次から一つ選べ。

① 呼吸速度*が小さく，光補償点**が高い。
② 呼吸速度が小さく，光補償点が低い。
③ 呼吸速度が大きく，光補償点が高い。
④ 呼吸速度が大きく，光補償点が低い。
⑤ 呼吸速度が大きく，強い光のもとでの光合成速度が大きい。
⑥ 呼吸速度が大きく，強い光のもとでの光合成速度が小さい。

*呼吸速度：暗黒下での二酸化炭素放出速度
**光補償点：呼吸速度と光合成速度が等しくなる光の強さ

127 生活形

デンマークの植物生態学者ラウンケルは，生育に適していない冬季や乾季における芽(休眠芽)の位置に着目し，植物の生活形を，地上植物，地表植物，半地中植物，地中植物などに分類した。

下線部に関連して，休眠芽の位置が，冬季における生存に寄与している例として最も適当なものを，次から一つ選べ。

① ある高木性の針葉樹の1個体の中では，高い位置にある休眠芽の方が低い位置にある休眠芽より，明るい光環境にさらされ，春先に休眠から解除された芽から成長する葉の光合成速度が大きいことがわかった。
② 高山帯で冬季に積雪に埋もれているハイマツから雪を除去したところ，そのハイマツの休眠芽は，雪の中より温度が低い外気にさらされ，春に芽吹かなかった芽の割合が，冬季に雪を除去しなかったハイマツよりも相対的に多かった。
③ 亜高山帯に生育する高木性の針葉樹では，冬季に次第に気温が低くなると，芽の内部の水分を芽の外に移動させるという生理的反応が起こり，このことが芽の内部の凍結による壊死(えし)を防ぐはたらきをしていた。
④ ブナなどの寒冷地の落葉樹では，休眠芽がうろこ状の芽鱗(がりん)と呼ばれる器官で覆われており，芽鱗を冬季に取り除いたところ，春に芽吹く芽の割合が低下した。
⑤ 野外に生育していたサクラから，冬の終わりに，木の上部から花芽のついている枝を採取して，明るく暖かい部屋においた花瓶に挿したところ，野外のサクラよりも早く開花した。

68 第4章 植生の多様性と分布

128 土壌 ⏱1分 ▶▶ 解答 P.56

土壌の表層・その次の層(中層)・さらに下の層(下層)に分布するものの組合せとして最も適当なものを，次から一つ選べ。

	表　層	中　層	下　層
①	腐　植	風化した岩石	落葉・落枝
②	腐　植	落葉・落枝	風化した岩石
③	風化した岩石	腐　植	落葉・落枝
④	風化した岩石	落葉・落枝	腐　植
⑤	落葉・落枝	腐　植	風化した岩石
⑥	落葉・落枝	風化した岩石	腐　植

§15　植生とその遷移

129 一次遷移と二次遷移 ⏱1分 ▶▶ 解答 P.56

次の文章中の空欄に入る語の組合せとして最も適当なものを，下表の①～⑧から一つ選べ。

森林伐採の跡地などから始まる遷移が ア と呼ばれるのに対して，噴火直後の溶岩台地から始まり森林に至る遷移は イ と呼ばれる。 ア では，遷移の始まりから ウ が存在するため， ア の進行は， イ の進行と比べて， エ 。

	ア	イ	ウ	エ
①	一次遷移	二次遷移	風化した岩石	速　い
②	一次遷移	二次遷移	風化した岩石	遅　い
③	一次遷移	二次遷移	土　壌	速　い
④	一次遷移	二次遷移	土　壌	遅　い
⑤	二次遷移	一次遷移	風化した岩石	速　い
⑥	二次遷移	一次遷移	風化した岩石	遅　い
⑦	二次遷移	一次遷移	土　壌	速　い
⑧	二次遷移	一次遷移	土　壌	遅　い

130 植生の遷移(1)

日本の乾性遷移に関して，優占する植物の一般的な順序として最も適当なものを，次から一つ選べ。

① 草本 → 陰樹 → 陽樹
② 草本 → 陽樹 → 陰樹
③ 陰樹 → 草本 → 陽樹
④ 陰樹 → 陽樹 → 草本
⑤ 陽樹 → 草本 → 陰樹
⑥ 陽樹 → 陰樹 → 草本

131 植生の遷移(2)

右図は本州中部の標高が約600 mのなだらかな斜面に成立している森林における代表的な樹種（a～c）の幹の直径と個体数との関係を調べ，模式的に示したものである。この森林に関する記述として最も適当なものを，次から一つ選べ。

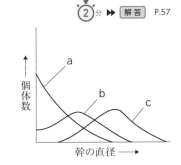

① aとbは陽樹であると考えられる。
② bとcは陽樹であると考えられる。
③ この森林はやがてaが優占種になると考えられる。
④ この森林にはやがてaが存在しなくなると考えられる。

132 植生の遷移(3)

北アメリカ原産の多年生草本であるセイタカアワダチソウは，園芸植物として日本に導入された。その後，セイタカアワダチソウは野生化し，日本各地に分布するようになった。セイタカアワダチソウは，二次遷移において木本が優占する前の段階に出現することが多い。

下線部に関する記述として最も適当なものを，次から一つ選べ。
① 土壌形成が進んでいないため，この段階は貧栄養である。
② 放棄された農地ではこの段階を経ずに遷移が進行するため，極相に至るまでの時間が短い。
③ 木本がこの段階の後で侵入するのは，暗い環境を必要とするためである。
④ 一次遷移においてこれに相当する段階がみられるようになるには，二次遷移の場合よりも長い時間が必要である。
⑤ セイタカアワダチソウが野生化する以前には，二次遷移にこの段階は存在しなかった。

133 湿性遷移と乾性遷移

湿性遷移と乾性遷移についての記述として最も適当なものを，次から一つ選べ。
① 湿性遷移において，湖沼が陸地化する過程で，クロモなどが出現する。
② 乾性遷移において，先駆植物となる植物は一般に大きな種子をつくる。
③ 乾性遷移は一次遷移だが，湿性遷移は二次遷移である。
④ 湿性遷移は一次遷移だが，乾性遷移は二次遷移である。

134 ギャップの更新

極相に達した森林にギャップが生じ，低木層の植物が強い光を受けるようになった場合，どのようなことが起こると考えられるか。最も適当なものを次から一つ選べ。
① 低木層の植物のうち，陽樹の幼木のみが急速に成長を始める。
② 低木層の植物のうち，高木および亜高木の幼木が急速に成長を始める。
③ 低木層の陰樹は枯れ，地中に埋もれていた高木層の植物の種子が発芽し，成長する。
④ 低木層の多くの植物が種子をつけ，その芽生えが急速に成長する。

§16 気候とバイオーム

135 世界のバイオーム(1)

次の文章中の空欄に入る語として最も適当なものを，下の①〜⑥から一つ選べ。

バイオームの分布は，年平均気温と年降水量に対応している。年平均気温の高い地域における年降水量はさまざまであり，いくつかのバイオームが成立している。一方，年平均気温が非常に低い地域における年降水量は少なく，バイオームとしては ア だけがみられる。

① 針葉樹林　② 砂漠　③ 氷河
④ サバンナ　⑤ ステップ　⑥ ツンドラ

136 世界のバイオーム(2)

硬葉樹林についての記述として最も適当なものを，次から一つ選べ。
① アフリカの内陸部に成立している。
② 葉の硬い落葉樹が優占している。
③ オリーブ，コルクガシなどが代表的な樹種である。
④ 夏に雨が多く，冬に雨が少ない地域に成立する。

137 世界のバイオーム(3)

世界のバイオームに関する記述として最も適当なものを，次から一つ選べ。
① 年平均気温が約20℃以上の地域では，どのバイオームでも常緑広葉樹が優占する。
② 年平均気温が約−5℃以下の地域に分布するバイオームでの年降水量は，約2000 mm 程度である。
③ 年平均気温が約5℃で年降水量が約1500 mm の地域には，照葉樹林が分布する。
④ 年平均気温が約10℃で年降水量が500 mm の地域には，草原のバイオームが分布する。

138 世界のバイオーム(4)

雨季と乾季がはっきりしている低緯度地域では，雨緑樹林が分布する。この地域と気温は同じだが降水量が少ない地域では，イネのなかまが優占し，背丈の低い樹木が点在する。

問1 雨緑樹林の特徴として最も適当なものを，次から一つ選べ。
① 降水量が減少する季節に多くの葉をつける。
② 気温が低下する季節に多くの葉をつける。
③ 降水量が減少する季節に一斉に落葉する。
④ フタバガキが代表樹種である。
⑤ アコウが代表樹種である。

問2 下線部の地域でみられる樹木として最も適当なものを，次から一つ選べ。
① ガジュマル ② スダジイ ③ シラビソ
④ ヒルギ   ⑤ アカシア ⑥ ブナ

139 世界のバイオームと土壌有機物

右図は，世界各地の三つの異なるバイオームa〜cについて，土壌中の有機物量と1年間の落葉・落枝供給量の関係を示したものである。

問1 落葉・落枝が分解されて無機物へと変化するときの速度を分解速度とすると，バイオームa〜cにおける分解速度の大小関係として正しいものを，次から一つ選べ。
① a＝b＝c ② a＞b＞c
③ a＜b＜c ④ b＞a＝c
⑤ b＞a＞c ⑥ b＞c＞a

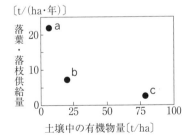

72 第4章 植生の多様性と分布

問2 a〜cのバイオームは，次のア〜ウのどの記述と対応しているか。その組合せ
として最も適当なものを，下の①〜⑥から一つ選べ。

ア．秋から冬に枯れ落ちた広葉が土壌有機物の主な供給源である。昆虫・ヤスデな
どさまざまな節足動物やミミズがこの植生における主要な土壌動物である。

イ．限られた種類の低木や，スゲ類，コケ類，地衣類などが優占するバイオームで
ある。低温のため，土壌有機物の分解速度がきわめて遅い。

ウ．きわめて多種類の植物が繁茂している。土壌有機物の分解速度が速く，また生
じた無機物は速やかに植物に吸収される。

	a	b	c		a	b	c		a	b	c
①	ア	イ	ウ	②	イ	ウ	ア	③	ウ	ア	イ
④	ア	ウ	イ	⑤	イ	ア	ウ	⑥	ウ	イ	ア

---

140 日本のバイオーム(1) ⏱1分 ▶ 解答 P.60

日本において，夏緑樹林が**分布していない地域**として最も適当なものを，次から一
つ選べ。

① 北海道 ② 関東 ③ 中部
④ 四国 ⑤ 九州 ⑥ 沖縄

---

141 日本のバイオーム(2) ⏱1分 ▶ 解答 P.61

日本の照葉樹林帯の自然林における代表的な高木と低木の組合せとして最も適当な
ものを，次から一つ選べ。

	高木	低木		高木	低木
①	アオキ	ブナ	②	スダジイ	アオキ
③	ハイマツ	スダジイ	④	ミズナラ	ハイマツ
⑤	アカマツ	ミズナラ	⑥	ブナ	アカマツ

---

142 日本のバイオーム(3) ⏱1分 ▶ 解答 P.61

本州中部の標高2000m以上の地域に成立する植生における代表的な植物を過不足
なく含むものを，次から一つ選べ。

① シラビソ，ハイマツ ② シラビソ，エゾマツ
③ シラビソ，アカマツ ④ ハイマツ，エゾマツ
⑤ ハイマツ，アカマツ ⑥ エゾマツ，アカマツ

143 日本のバイオーム(4)

日本のバイオームに関する記述として最も適当なものを，次から一つ選べ。

① 北海道東北部に成立する針葉樹林の構成樹種は，トウヒ，アカマツなどの常緑性の針葉樹である。
② 東北地方平野部に成立する夏緑樹林では，林床の照度が高い春の時期にカタクリなどが開花する。
③ 本州中部平野部に成立する照葉樹林の構成樹種は，スダジイ，コルクガシなどであり，それらの葉には光沢がある。
④ 沖縄に成立する亜熱帯多雨林の河口付近では，ガジュマルなどからなるマングローブ林が成立している。

第4章 植生の多様性と分布

実戦問題

144

植物の葉の性質は，生育する場所の環境条件と深く関係している。植物の葉の性質をさまざまな種間で比較した研究から，葉の厚さと葉の寿命の間に，図1の関係が成り立つことがわかっている。例えば，日本に生育する植物種のうち，生育に適した季節の長い地域に分布する ア などの常緑樹は，生育に適した季節の短い地域に分布する イ などの落葉樹に比べ，葉の寿命が ウ ，葉の厚さが エ 。

葉の性質の違いは，一つの森林内の，明るさが異なる環境に生育する植物の間でもみられる。(a)**陽樹と陰樹**では，光の強さと葉のCO_2吸収・放出速度の関係に，図2のような違いがある。この違いは，陽樹と陰樹が(b)**二次遷移**の異なる時期において優占することと対応している。

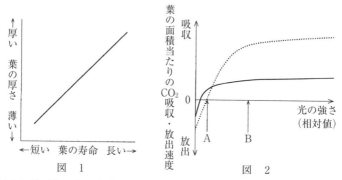

図1　　　　　図2

問1 図1に基づき，上の文章中の空欄に入る語の組合せとして最も適当なものを，下表から一つ選べ。

	ア	イ	ウ	エ
①	タブノキ	ブナ	長く	薄い
②	タブノキ	ミズナラ	長く	薄い
③	ブナ	スダジイ	短く	薄い
④	ブナ	ヤブツバキ	短く	薄い
⑤	スダジイ	タブノキ	長く	厚い
⑥	スダジイ	ミズナラ	長く	厚い
⑦	ミズナラ	ブナ	短く	厚い
⑧	ミズナラ	ヤブツバキ	短く	厚い

問2 下線部(a)に関連して，図2の実線と点線はそれぞれ陽樹，陰樹のどちらかである。図2に基づき，葉による CO_2 の吸収および放出速度についての記述として最も適当なものを，次から一つ選べ。
① 陽樹の葉は，光の強さがAより弱いときは CO_2 を放出しない。
② 陰樹の葉は，光の強さがBのときは CO_2 を吸収しない。
③ 陽樹の葉では，光の強さと CO_2 吸収速度が，正比例の関係にある。
④ 陰樹の葉では，光の強さと CO_2 放出速度が，反比例の関係にある。
⑤ 陽樹の葉では，光の強さがBのとき，CO_2 放出速度が CO_2 吸収速度を上回る。
⑥ 陰樹の葉では，光の強さがAのとき，CO_2 吸収速度が CO_2 放出速度を上回る。
⑦ 陽樹の葉は，陰樹の葉より CO_2 吸収速度が常に大きい。

問3 下線部(b)に関連して，森林の二次遷移の初期に出現する樹木の由来を調べるため，実験1・実験2を行った。

実験1 暖温帯に位置するある極相林から，地表付近の土を採取して室内に持ち帰り，土に混ざっていた植物の葉，茎，および根をすべて取り除いた。この土を平皿にごく薄く敷きつめ，ときどき水を与えながら，日当たりの良いガラス温室内に放置した。2ヶ月後に皿の中を観察すると，樹木の芽ばえが多数生えていた。これらの芽ばえは，いずれも，極相林の主要な構成種のものではなかった。

実験2 実験1で土を採取した森林の一部が，実験1を行った翌春に伐採された。伐採直後から半年間，この伐採跡地に自然に生えてきたすべての樹木の芽ばえについて，種名を調べて記録した。(c)記録された樹木種の大部分は，実験1で芽生えた樹木種と共通であった。

実験1・実験2の結果から推測される，下線部(c)の樹木種の由来として最も適当なものを，次から一つ選べ。
① 伐採前に生えていた樹木の切り株から再生した。
② 伐採跡地の周囲に残っていた陰樹が落とした種子から発芽した。
③ 伐採前の土壌中にあった陽樹の種子から発芽した。
④ 伐採された樹木が前年につくった種子から発芽した。

(センター試験・本試)

第4章 植生の多様性と分布

145

⏱ 8分 ▶▶ 解答 P.62

大陸に近い熱帯に位置するある小さな島が，1883年に大噴火をした。島は熱い溶岩に覆われ，それまで生息していたすべての生物が死滅した。その後，大陸から生物が移入してきて棲みつき，生息種数が回復してきた。次ページの表1は，この島に棲みついた鳥類の種数を100年にわたって調査した結果である。噴火後，増加してきた種数は，いつまでも増え続けるわけではなく，頭打ちの状態になっている。(a)これはその島に生息する種数が多くなるにつれて一定期間当たりの絶滅種数が増加し，また大

陸からの一定期間当たりの移入種数が減少するため，絶滅種数と移入種数が等しくなり，生息種数が平衡状態になるからだと考えられている。

表　1

調査年	1883年	1908年	1920年	1931年	1951年	1983年
種　数	0	13	28	29	33	30

問1 生物群集の一般的な遷移過程から判断して，このような島の噴火後のできごとに関する記述として**誤っているもの**を，次から二つ選べ。
① 島には極相林として陰樹林が茂った。
② この島の植生の遷移を二次遷移と呼ぶ。
③ 草本類の次に定着したのは，コケ類や地衣類であり，それらのはたらきで土壌が発達した。
④ 鳥類が島へ飛来すると，鳥によって種子が運ばれる植物種が増えた。
⑤ 被子植物が増えると，訪花性昆虫が増えた。
⑥ 草本類が定着した後に，草食動物が棲みついた。

問2 ある島に生息する生物の種数は，上の文章中の下線部(a)のように，絶滅種数と移入種数がつり合って，ある一定数になる。図1は，どのくらいの種数で平衡に達するのかを，その島の大きさと，その島が大陸からどのくらい離れているかによって，理論的に考えたモデル図である。図1中のア～エの曲線が表すものとして最も適当なものを，次からそれぞれ一つずつ選べ。

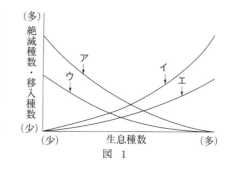

図　1

① 大きな島の絶滅種数　　② 大陸から遠い島の移入種数
③ 大陸に近い島の移入種数　　④ 小さな島の絶滅種数

問3 図1において，生息種数が3番目に多い島として最も適当なものを一つ選べ。
① 大陸から近くて，小さな島　　② 大陸から遠くて，小さな島
③ 大陸から近くて，大きな島　　④ 大陸から遠くて，大きな島

問4 島に生息する生物の種数に関する法則は，島以外の陸上でも当てはまる。生物種数の豊かな都市公園などを造る場合に配慮すべき記述として最も適当なものを，次から一つ選べ。
① 自然林から近く，緑地の面積が小さい方がよい。
② 自然林から遠く，緑地の面積が小さい方がよい。
③ 自然林から近く，緑地の面積が大きい方がよい。
④ 自然林から遠く，緑地の面積が大きい方がよい。

(センター試験・本試)

146

ある土地の植生が時間とともに変化する現象は(a)遷移と呼ばれる。環境条件や遷移開始時の状況が違うと，異なる様式の遷移がみられる。例えば，(b)湖沼から始まる遷移と，陸地から始まる遷移とでは，遷移の進行過程が異なる。また，噴火直後の溶岩台地から始まり森林に至る遷移と，森林伐採の跡地から始まる遷移とでは，遷移の進行過程が異なる。

問1 下線部(a)に関する記述として最も適当なものを，次から一つ選べ。
① 遷移が進み極相となっている森林では，種の構成が，全体として大きく変化しない。
② 遷移が進み極相となった森林の林床（地表付近）は，どこも同じ程度の暗さに保たれている。
③ 噴火直後の溶岩台地から始まり森林に至る典型的な遷移は，裸地・荒原 → 草原 → 高木林 → 低木林の順に進行する。
④ 噴火直後の溶岩台地から始まり森林に至る遷移の初期では，窒素化合物などの栄養塩や水分を豊富に利用できるため，このような環境に適応した植物が侵入・定着する。
⑤ 湖沼から始まる遷移は，乾性遷移と呼ばれる。

問2 下線部(b)に関連して，遷移のしくみを明らかにするため，図1のような二つの池で，池の中の非生物的環境（以後，環境と呼ぶ）と植物の状態を調べた。二つの池は，遷移が始まってからの経過年数が異なり，池の外の環境は極めて似ているので，新しい池の現在のようすが，古い池の過去のようすを表すと考えられる。図1と次ページの表1の調査結果から導かれる，遷移のしくみについての考察として最も適当なものを，次ページの①〜④から一つ選べ。

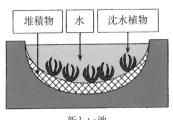
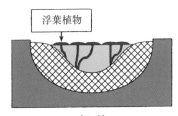

図 1

78 第4章 植生の多様性と分布

表　1

観察項目	新しい池	古い池
平均水深	4 m	1 m
水深50cmでの 相対光強度*	80%	10%
浮葉植物**の被度***	0 %	80%
沈水植物****の被度	70%	0 %
堆積物の状態	土砂の層の上に，未分解の植物の枯死体が，薄く積もっていた。	新しい池と同じ程度の厚さに土砂が積もり，その上に，植物の枯死体が厚く堆積していた。

*相対光強度：池の中央付近の水上1mで測った光の強さを100%とする相対値(百分率)
**浮葉植物：根が水底にあって，葉が水面に浮かんでおり，水深が深いと生育できない植物
***被度：水底の面積のうち，その真上を植物の葉に覆われた部分の割合(百分率)
****沈水植物：植物体がすべて水中に沈んでいる植物

① 池の中の環境は，生物の影響を受けずに変化し，池の中の環境の変化に応じて，植物種が交代する。

② 池の中の環境は，生物の影響を受けずに変化し，池の中の環境の変化とは関係なく，植物種が交代する。

③ 池の中の環境は，生物の影響を受けて変化し，池の中の環境の変化に応じて，植物種が交代する。

④ 池の中の環境は，生物の影響を受けて変化し，池の中の環境の変化とは関係なく，植物種が交代する。

(センター試験・本試)

147

地球上におけるバイオームの種類と分布は，年平均気温および年降水量と密接な関係がある。右の図1は，年平均気温，年降水量，および生産者による単位面積当たりの年有機物生産量の関係を，バイオーム別に示したものである。

生産者によって生産された有機物には窒素が含まれており，窒素は生態系内で閉鎖的な循環を続けている。有機物が土壌に供給されると，窒素は主に土壌微生物のはたらきで無機物となる。(a)無機物となった窒素は生産者に吸収されて再び有機物となる。

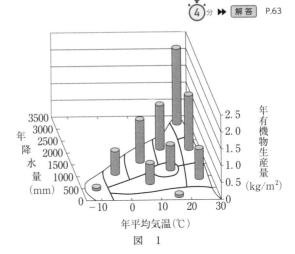

図 1

問1 図1についての記述として適当なものを，次から二つ選べ。
① 年平均気温がほぼ同じバイオームでは，年降水量が少ないほど有機物の生産量は大きくなる。
② 年平均気温がほぼ同じバイオームでは，年降水量が少ないほど有機物の生産量は小さくなる。
③ 年平均気温がほぼ同じバイオームでは，年降水量と無関係に有機物の生産量は一定となる。
④ ツンドラよりサバンナの方が，有機物の生産量は小さい。
⑤ 針葉樹林より砂漠の方が，有機物の生産量は大きい。
⑥ 硬葉樹林より照葉樹林の方が，有機物の生産量は小さい。
⑦ 硬葉樹林より雨緑樹林の方が，有機物の生産量は大きい。

問2 下線部(a)について，生産された有機物に含まれる窒素の重量比が0.7%だったとき，熱帯・亜熱帯多雨林で生産者の吸収する窒素量は，年間で1平方メートル当たり何グラム(g)になるか。図1から推定される数値として最も適当なものを，次から一つ選べ。
① 1　　② 6　　③ 9　　④ 15　　⑤ 22

(共通テスト試行調査)

80　第4章　植生の多様性と分布

148

⏱7分 ▶ 解答 P.64

　ある地方の沖積平野に分布する社寺林(神社や寺の周辺に成立している森林)で植生の調査を行った。これらの森林は沖積平野の干拓後に成立したものと考えられており、人為的影響は比較的少ない。表1は干拓地の成立年代の異なるa～gの調査地の森林にそれぞれ10m×10mの調査区を設け、そこに出現した植物の被度(それぞれの種が地面を覆っている面積の割合)を調べたもので、被度が1％未満のものや出現回数の少ないものは省略してある。

表　1

調　査　地		a	b	c	d	e	f	g
干拓地の成立年代		1893	1821	1632	1579	1467	1180	770
高木層	アカマツ	5	2	2				
	タブノキ			4	4	4	2	
	スダジイ					2	4	5
亜高木層	タブノキ	1	3	2				
	サカキ				1	3	1	1
	ヤブツバキ				1	1	1	
	モチノキ					2	1	1
低木層	アカメガシワ	2						
	タブノキ	1	1	1	1	1	1	1
	ヤブツバキ				1	2	1	
	サカキ				1	1		1
	スダジイ						1	1
草本層	スス　キ	1	1					
	ジャノヒゲ	4	1	1	1	3	1	1
	ヤブコウジ			1	1	1	2	2
	ヤブラン				1	1	1	

表中の数字1～5は被度階級を示す。それぞれの被度階級が表す被度の範囲は次のとおりである。

1：1～10％，　2：11～25％，　3：26～50％，　4：51～75％，　5：76～100％

問1　調査地全体で、明らかに陽生植物と考えられる種の組合せはどれか。最も適当なものを、次から一つ選べ。

① アカマツ・タブノキ・スダジイ
② アカマツ・アカメガシワ・ススキ
③ タブノキ・スダジイ・サカキ
④ ススキ・ジャノヒゲ・ヤブコウジ

問2 この地域では，陽樹林の成立から陰樹林に遷移するのにおよそ何年かかると考えられるか。最も適当なものを，次から一つ選べ。

① 50〜200年　　② 200〜350年　　③ 350〜500年
④ 500〜650年　　⑤ 650〜800年　　⑥ 800年以上

問3 この地域の極相林は何か。また，それはどのバイオームに属するか。最も適当なものを，次のそれぞれの解答群のうちから，一つずつ選べ。

【極相林の名称の解答群】
① アカマツ林　　② アカマツ・タブノキ林
③ タブノキ林　　④ スダジイ林

【バイオームの解答群】
① 常緑針葉樹林　　② 落葉針葉樹林　　③ 照葉樹林
④ 硬葉樹林　　⑤ 夏緑樹林

問4 極相林の特徴に関する記述として**誤っているもの**を，次から二つ選べ。

① 林床には極相種の芽生えや幼木が存在する。
② 林床が暗く，そこに生活する植物は耐陰性をもち，光補償点も低い。
③ 陽樹林の段階よりも植物の種類が豊富で，森林の種類組成はほぼ一定に維持される。
④ 植物の種類は大きく変動しないが，森林を構成する個体は交代していて，繁殖による個体の増加と枯死による減少とがほぼつり合っている。
⑤ 老木の枯死や風害などで林冠に大きなギャップが開くと，先駆種が侵入して一次遷移が起こり，部分的再生を繰り返している。
⑥ 動物の種類が豊富で，食物網は複雑である。
⑦ 有機物の蓄積によって土壌が発達し，栄養塩類や保水力が増して，安定した塩類や水の循環が維持される。

(センター試験・追試)

第4章 植生の多様性と分布

82　第5章　生態系とその保全

第5章 | 生態系とその保全

基本問題

§17　生態系とその成り立ち

149 作用と環境形成作用　⏱(1)分 ▶▶ 解答 P.66
「作用」と「環境形成作用」の両方の過程を具体的に示している記述として最も適当なものを，次から一つ選べ。
① 地球温暖化により，高緯度地方にこれまでいなかった生物が侵入し，そこの在来生物を駆逐することがある。
② 湖水中の栄養塩が増加すると，植物プランクトンが大発生しやすくなり，夜間の溶存酸素濃度が減少する。
③ 光合成をする生物が減少すると，生産量が減少するので，植物食性哺乳類の競争が増加する。
④ 重金属やDDTなどの有害物質の排出は，環境に好ましくない影響を与えるので，規制されたり禁止されたりしている。
⑤ 海は魚介類などの海洋資源を得る場として重要なだけでなく，植物プランクトンや藻類の光合成によって酸素を供給している。

150 食物連鎖(1)　⏱(1)分 ▶▶ 解答 P.66
次の生物の中で，植物食性動物であるものを一つ選べ。
① カマキリ　　② モグラ　　③ クモ　　④ ミツバチ

151 食物連鎖(2)　⏱(1)分 ▶▶ 解答 P.66
食物連鎖の段階ごとに個体数や生物量を積み重ねたものの名称として最も適当なものを，次から一つ選べ。
① 階層構造　　② 生態ピラミッド　　③ 垂直分布　　④ 物質循環

152 分解者　⏱(1)分 ▶▶ 解答 P.67
分解者である菌類や細菌類が酸素の多い環境で行う生命活動の記述として誤っているものを，次から一つ選べ。
① 有機物を細胞に取り込む。　　② 酸素を用いて代謝を行う。
③ 二酸化炭素を吸収する。　　④ 酸素を吸収する。
⑤ 水をつくり出す。　　⑥ DNAを合成する。

153 生産者と消費者

生産者と消費者に関する記述として**誤っている**ものを，次から一つ選べ。
① 生産者は，硝酸イオンやアンモニウムイオンなどの無機物を取り込んで利用する。
② 生産者は，光合成などによって有機物を合成する。
③ 生産者は，光合成を行うが呼吸をしない。
④ 消費者は，呼吸によって生存や繁殖に必要なエネルギーを得る。
⑤ 消費者は，生産者が合成した有機物を取り込んで栄養源にする。

§18 物質循環とエネルギーの流れ

154 炭素の循環

右図は，海洋表層における炭素の循環の一部を模式的に示したものである。

図中のア〜エは生命活動にともなう二酸化炭素の移動を示している。

ア〜エが表す生命現象の組合せとして最も適当なものを，次から一つ選べ．

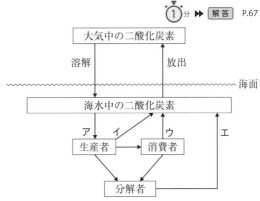

	ア	イ	ウ	エ
①	呼吸	光合成	光合成	光合成
②	呼吸	光合成	呼吸	光合成
③	光合成	呼吸	呼吸	呼吸
④	光合成	呼吸	光合成	呼吸

155 窒素循環(1)

窒素(N)を含む有機物のみを組み合わせたものを，次から一つ選べ。
① DNA，セルロース，フィブリン
② 硝酸イオン，ATP，カタラーゼ
③ ATP，RNA，アルブミン
④ 硝酸イオン，DNA，リゾチーム

156 窒素循環(2)

次の文章中の空欄に入る語の組合せとして最も適当なものを，下表の①〜⑧から一つ選べ。

多くの植物は無機窒素化合物を根から吸収し，ア などの有機窒素化合物をつくる。有機窒素化合物は，消費者に取り込まれたのち，遺体や排出物として土壌に供給され，微生物のはたらきによって無機窒素化合物に分解される。また，イ は大気中の窒素分子から無機窒素化合物をつくることができる。これら無機窒素化合物の一部は微生物のはたらきによって，窒素分子に変化して大気中に放出され，この現象は ウ と呼ばれる。

	ア	イ	ウ
①	タンパク質	硝化細菌(硝化菌)	脱窒
②	タンパク質	硝化細菌(硝化菌)	窒素固定
③	タンパク質	根粒菌	脱窒
④	タンパク質	根粒菌	窒素固定
⑤	グルコース	硝化細菌(硝化菌)	脱窒
⑥	グルコース	硝化細菌(硝化菌)	窒素固定
⑦	グルコース	根粒菌	脱窒
⑧	グルコース	根粒菌	窒素固定

157 窒素循環(3)

窒素循環に関する記述として正しいものを，次から一つ選べ。
① アゾトバクターは土壌中に生息している。
② 硝化細菌(硝化菌)は，硝酸イオンから窒素ガスを生成する。
③ 脱窒素細菌は，アンモニウムイオンを取り込み，窒素を含む有機物を合成する。
④ 動物は窒素固定を行うことができる。

158 エネルギーの流れ(1)

エネルギーの流れに関する記述として**誤っているもの**を，次から一つ選べ。
① 生産者が利用する光エネルギーは，太陽から供給される。
② 消費者や分解者から放出された熱エネルギーは，生態系内で循環し続ける。
③ 生産者は，光エネルギーを化学エネルギーに変換して有機物中に蓄える。
④ 消費者は，呼吸などに伴って化学エネルギーの一部を熱エネルギーとして放出する。
⑤ 分解者は，他の生物の遺体や排出物を分解して化学エネルギーを得る。

159 エネルギーの流れ(2)　　　①分 ▶ 解答 P.69

次の文章中の空欄に入る語の組合せとして最も適当なものを，下表の①〜⑥から一つ選べ。

森林では，　ア　エネルギーの最大で1%程度が，生産者によって　イ　エネルギーに変換される。　イ　エネルギーは，生産者，消費者および分解者に利用される過程を経て，最終的に　ウ　エネルギーとなる。　ウ　エネルギーは，赤外線となって地球外に放出される。

	ア	イ	ウ
①	化　学	光	熱
②	化　学	熱	光
③	光	化　学	熱
④	光	熱	化　学
⑤	熱	光	化　学
⑥	熱	化　学	光

§19　生態系のバランスと保全

160 生態系のバランス(1)　　　①分 ▶ 解答 P.69

生物とそれを取り巻く環境の復元力によって，変動が一定の範囲内に収まっている例として最も適当なものを，次から一つ選べ。

① ある地域では，オオカミの個体数が減少し，オオカミが食べていたシカの個体数が増え，シカが食べる植物が絶滅した。

② アメリカのヨセミテ国立公園では，過去の駆除などによってオオカミが絶滅していたが，以前の状況に戻すため，オオカミが他の地域から導入された。

③ 大規模な森林伐採によって，土壌の流出が起こり，植物の生息が困難な状態になった。

④ ある水田で，イネの害虫であるウンカの個体数が増加したが，クモなどの捕食者の個体数が増加して，ウンカの個体数は以前の水準にまで減少した。

161 生態系のバランス(2)

アラスカからアリューシャン列島にかけての海域では巨大なコンブの一種が茂っており，甲殻類や小魚のすみかとなっている。

この地域の食物連鎖は上図のようになっている。この海域でラッコの個体数が急激に減少した際，生態系のバランスが崩れてしまったことからラッコがキーストーン種であったことがわかった。

この食物連鎖のある海域に多くのシャチが襲来し，シャチの捕食によってラッコの個体数が急激に減少した直後，ウニ，コンブ，甲殻類の個体数はどのように変化すると考えられるか。最も適当なものを，次から一つ選べ。

	ウニ	コンブ	甲殻類
①	増加	増加	増加
②	増加	増加	減少
③	増加	減少	増加
④	増加	減少	減少
⑤	減少	増加	増加
⑥	減少	増加	減少
⑦	減少	減少	増加
⑧	減少	減少	減少

162 富栄養化

赤潮やアオコに関する記述として**誤っているもの**を，次から一つ選べ。

① 湖沼に生活排水が大量に流入すると，動物プランクトンが大量発生するアオコが発生する。
② 赤潮の際に増殖したプランクトンの死骸の分解により，水中の酸素が不足した状態となり，生物の大量死を招くことがある。
③ 赤潮やアオコが発生すると，水中に届く光が弱まり，水生植物や藻類が生育できなくなる。
④ 赤潮の原因となるプランクトンが魚のエラにつまって，魚が窒息死する場合がある。

163 外来生物(1)

日本における外来生物の例として正しいものを過不足なく含むものを，次から一つ選べ。

① オオクチバス，ススキ　② オオクチバス，マングース
③ オオクチバス，フナ　　④ ススキ，マングース
⑤ ススキ，フナ　　　　　⑥ マングース，フナ

164 外来生物(2)

日本の**特定外来生物ではないもの**を，次から一つ選べ。

① オオクチバス　② メダカ
③ ブルーギル　　④ カミツキガメ

165 生物濃縮(1)

カナダの北極圏では，オオカミ，トナカイ，および地衣類からなる食物連鎖があり，この食物連鎖では物質Xの生物濃縮が起きている。これらの生物について，体内の物質Xの濃度を調べた結果が下表である。

	ア	イ	ウ
物質Xの濃度*	0.014	0.028	0.12

*生物重量1g当たりの物質重量(単位は10^{-9}g/g)

表中の空欄に入る生物の組合せとして最も適当なものを，次から一つ選べ。

	ア	イ	ウ
①	オオカミ	トナカイ	地衣類
②	オオカミ	地衣類	トナカイ
③	トナカイ	オオカミ	地衣類
④	トナカイ	地衣類	オオカミ
⑤	地衣類	オオカミ	トナカイ
⑥	地衣類	トナカイ	オオカミ

166 生物濃縮(2)

食物連鎖の過程で，ある種の物質の濃度は高次消費者の体内で急速に高まっていく場合があり，これを生物濃縮という。下図はPCBの濃度である。この図に関する記述として**誤っているもの**を，下の①～④から一つ選べ。

（数字は試料1トン当たりに含まれるPCBのミリグラム数）

① 高次消費者ほど濃度は高くなるので，重大な影響がでることがある。
② 高次消費者に移るときの濃度上昇の割合は，ほぼ一定である。
③ 高次消費者ほど濃度が高いのは，体外に排出されにくいからである。
④ 高次消費者ほど寿命が長く，蓄積される濃度が高い。

167 里山の保全

里山は人為的な撹乱により生物多様性が保全されている生態系である。里山に関する記述として**誤っているもの**を，次から一つ選べ。
① 里山は人里の近くにある森林や田畑などの地域一帯のことである。
② 里山の雑木林は，コナラやクヌギなどの落葉広葉樹が優占することが多い。
③ 人々は雑木林の樹木を伐採して燃料用の薪をつくったり，落ち葉から堆肥をつくったりしてきた。
④ 里山一帯には絶滅危惧種の鳥や昆虫などが生息していることが多い。
⑤ 里山の水路がコンクリートで補修されたことで，メダカやドジョウが増加するようになった。

168 地球温暖化

右図はある温室効果ガスの大気中の濃度の変化を示したグラフである。このグラフは何のグラフで，縦軸の単位は何か。その組合せとして最も適当なものを，次から一つ選べ。

	物質	単位
①	二酸化炭素	％
②	二酸化炭素	ppm
③	メタン	％
④	メタン	ppm

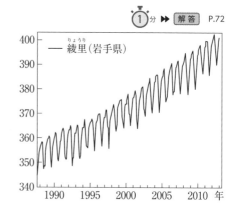

169 人間の活動の影響

近年,人間のさまざまな活動により,生態系のバランスが崩れつつある。このことに関する次の記述ⓐ～ⓔのうち,正しい記述の組合せとして最も適当なものを,下の①～⑧から一つ選べ。

ⓐ 人間が放牧を行った土地では,降水量が多くても森林が発達せず,一次遷移のごく初期に現れるコケ植物しか生育できない。

ⓑ 人間が草刈りや,落ち葉かき,伐採などによって維持している里山の雑木林では,遷移の最終段階に出現する陰樹が優占する。

ⓒ 人間によって持ち込まれたオオクチバス(ブラックバス)が,湖沼にすむ在来の小型魚を捕食し,激減させることがある。

ⓓ 人間が主な居住地として利用する平地や低山とは異なり,高山帯には人間が居住しないため,ハイマツなどからなる低木林しかみられない。

ⓔ 石油などの化石燃料の大量消費は,大気中に占める二酸化炭素の割合を増やし,地球温暖化や気候変動を引き起こすと考えられている。

① ⓐ, ⓑ   ② ⓐ, ⓒ   ③ ⓐ, ⓔ   ④ ⓑ, ⓒ
⑤ ⓑ, ⓓ   ⑥ ⓒ, ⓓ   ⑦ ⓒ, ⓔ   ⑧ ⓓ, ⓔ

実戦問題

170

海岸の岩場には，固着生物を中心とする特有の生態系がみられる。右の図1はその一例である。この中のフジツボ，イガイ，カメノテ，イソギンチャクおよび紅藻は固着生物であるが，イボニシ，ヒザラガイ，カサガイおよびヒトデは岩場を動き回って生活している。矢印は食物連鎖におけるエネルギーの流れを表し，ヒトデと各生物を結ぶ線上の数字は，ヒトデの食物全体の中で各生物が占める割合（個体数比）を百分率で示したものである。

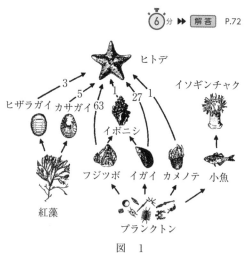

図 1

問1 この生態系において，ヒトデ，紅藻，カサガイがそれぞれ属する栄養段階として最も適当なものを，次からそれぞれ一つずつ選べ。
① 生産者　② 一次消費者　③ 高次消費者　④ 分解者

問2 食物をめぐる競争が**起こりえない**生物の組合せを，次から一つ選べ。
① ヒトデとイボニシ　② フジツボと小魚
③ イガイとカメノテ　④ イボニシとイソギンチャク

問3 この生態系の中に適当な広さの実験区を設定し，そこからヒトデを完全に除去したところ，その後，約1年の間に生態系を構成する生物の種類が大きく変化した。岩場ではまずイガイとフジツボが著しく数を増して優占種となった。カメノテとイボニシは常に散在していたが，イソギンチャクと紅藻は，増えたイガイやフジツボに生活空間を奪われて，ほとんど姿を消した。その後，食物を失ったヒザラガイやカサガイもいなくなり，生態系の単純化が進んだ。一方，ヒトデを除去しなかった対照区では，このような変化はみられなかった。この野外実験からの推論として，**適当でないもの**を，次から二つ選べ。

① ヒザラガイとカサガイが消滅したのは，食物をめぐって両種の間に競争が起こったためである。
② イガイとフジツボが増えたのは，主に両種に集中していたヒトデの捕食がなくなったためである。
③ 競争は，異なった栄養段階に属する生物の間でも起こりうる。
④ 上位捕食者の存在は，生態系の単純化をもたらしている。
⑤ 上位捕食者の除去は，被食者でない生物の個体群にも間接的に大きな影響を及ぼしうる。

（センター試験・本試）

171

バイオームによって有機物の生産量に違いがあることを知ったユヅルとサラは，大気中の二酸化炭素濃度の変化に生態系がどのように関係しているのかについて考えた。

ユヅル：生産者によって二酸化炭素が有機物に取り込まれるわけだから，有機物の生産量の大きな生態系は，大気中の二酸化炭素濃度の上昇を抑制する効果が大きいと考えられるよね。

サ　ラ：確かに，生産者だけを取り上げればそうかもしれない。でも，生産された有機物は，食物連鎖を通して，消費者や分解者に次々と利用されていくよね。これらの生物は，有機物に含まれる炭素を呼吸によって二酸化炭素に戻してしまう。だから，いくら生産者による有機物の生産が盛んでも，消費者と分解者の呼吸が多ければ，大気中の二酸化炭素濃度の上昇を抑制しているとはいえないように思うけど。

ユヅル：なるほど。もし，　ア　ことや，　イ　ことが観察されれば，生態系が大気中の二酸化炭素濃度を減少させる効果があるといえるんじゃないかな。

サ　ラ：これは，エネルギーの流れからも考えることができるよ。生産者が光エネルギーを有機物のエネルギーに変えるわけだけど，この有機物のエネルギーの　ウ　のであれば，生態系が大気中の二酸化炭素濃度の上昇を抑制しているといえるね。

問1　上の会話文中の　ア　・　イ　に入る文として最も適当なものを，次から二つ選べ。
① 生態系の有機物量が年々増加する
② 生態系の有機物量が年々減少する
③ 生態系の有機物量が毎年一定の値に維持されている
④ 大気中の酸素濃度が年々増加する
⑤ 大気中の酸素濃度が年々減少する
⑥ 大気中の酸素濃度が毎年一定の値に維持されている

問2　上の会話文中の　ウ　に入る文として最も適当なものを，次から一つ選べ。
① すべてが熱エネルギーとなる
② 一部が熱エネルギーとならずに残る
③ すべてが光エネルギーとなる
④ 一部が光エネルギーとなり，残りは熱エネルギーとなる

(共通テスト試行調査)

92　第 5 章　生態系とその保全

172

⏱ 7 分 ▶ 解答 P.74

　河川や湖沼では，微生物が有機物を利用して増殖する過程で，有機物は分解され，無機物が生ずる。増殖した微生物はより大きな生物によって捕食され，一方，生成した無機物は，空気中に放出されたり，水草や藻類などに吸収されたりする。

　私たちは，河川や湖沼をきれいに保つために，この微生物のはたらきを利用している。活性汚泥(細菌や原生動物が小さな塊状になったもの)を用いた排水処理場がその例である。そこでは，多量の有機物を含む生活排水に空気を十分に送り込み，活性汚泥によって有機物を分解している。処理した排水は澄んだ水にして放流される。

問 1　水の汚染の程度を表す用語として BOD がよく使われる。BOD は生物学的(生物化学的)酸素要求量と呼ばれ，試料に十分な酸素と適当な微生物群を与えた条件で，20℃，5 日間で，微生物によって有機物が分解される際に消費される酸素の量を表している。ある水の BOD が高いということはどういうことか。最も適当なものを，次から一つ選べ。

① その水の溶存酸素量が多い。
② その水の自然浄化能が高い。
③ その水には有機物量が多い。
④ その水にいる微生物が多い。

問 2　排水処理場の水中にいる細菌の総数(総菌数)を顕微鏡で調べた。スライドガラスとしては，真ん中に，縦と横それぞれ 0.05mm，深さ 0.1mm のくぼみが多数刻まれているものを使用した。まず，排水中の微生物を適当な方法で分散させた。それを無菌水で100倍に(100分の 1 の濃度に)希釈し，スライドガラスの真ん中に 1 滴たらし，カバーガラスをかけて顕微鏡で観察した。その結果，くぼみ当たり平均6.0個の細菌が存在した。このとき，希釈前の排水 1 mL 中の総菌数はいくらか。正しいものを，次から一つ選べ。

① $2.4×10^6$　　② $2.4×10^7$　　③ $2.4×10^8$　　④ $2.4×10^9$

問 3　排水処理場の水中の生きている細菌の数(生菌数)を調べた。まず，排水中の微生物を適当な方法で分散させた。それを無菌水で10倍に希釈し(1 回目)，それをさらに10倍に希釈するという方法で，10倍希釈を合計 5 回行った。その 5 回目の希釈液 0.1mL を，ペトリ皿に作った適当な寒天培地に均等にまき，30℃ で 1 週間培養後，培地上の集落(1 個の細菌に由来する細菌の集まり)の数を数えたところ，平均35個であった。この方法によると，希釈前の排水 1 mL 中の生菌数はいくらと計算されるか。正しいものを，次から一つ選べ。

① $3.5×10^6$　　② $3.5×10^7$　　③ $3.5×10^8$　　④ $3.5×10^9$

(センター試験・本試)

173

有機物を多量に含む汚水の流入がある河川において，汚水流入部の上流側から下流側にかけての水質を調べたところ，図1の結果を得た。また，図1中の地点1～4で，川底の岩や石に付着している生物のうち，有機物を無機塩類に分解する細菌類を調べ，各地点の相対量を図2に示した。川底の岩や石に付着している生物のうち，無機塩類を栄養分として利用する藻類を調べたとき，その各地点の相対量のデータが当てはまるグラフとして最も適当なものを，次ページの①～⑥から一つ選べ。

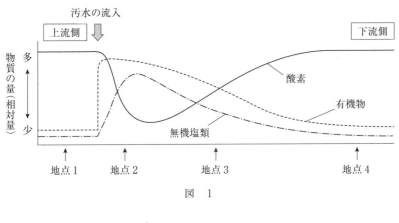

図　1

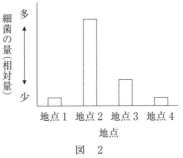

図　2

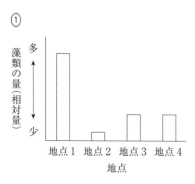
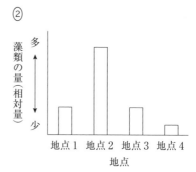
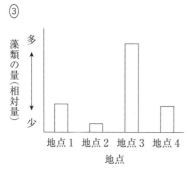
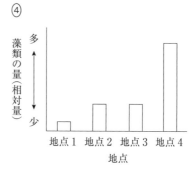
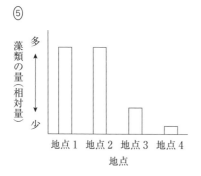
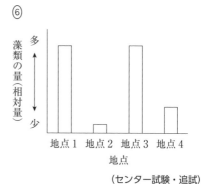

(センター試験・追試)

〔大学入学共通テスト　生物基礎　実戦対策問題集〕伊藤和修

大学入学
共通テスト
実戦対策問題集
生物基礎

別冊
解答 ▶

旺文社

大学入学
共通テスト
実戦対策問題集

別冊
解答

生物基礎

旺文社

第1章 生物の多様性と共通性

1 生物の共通性(1)
③

解説 ▶ すべての細胞は代謝を行い，代謝に伴うエネルギーの出入りや変換をATPが仲立ちする。よって，すべての細胞はATP（アデノシン三リン酸）をもつ。また，すべての細胞において最も多く含まれる物質は水である。クロロフィルやセルロースは動物細胞にはなく，ヘモグロビンは赤血球に特有なタンパク質でありすべての細胞がもつ物質ではない。

2 生物の共通性(2)
④

解説 ▶ 原核生物には核膜に包まれた核が存在しないため，④は誤り。

3 原核生物
①

解説 ▶ ⓐ イシクラゲはユレモなどと同様にシアノバクテリアの一種である。シアノバクテリアは光合成を行うことのできる細菌であり，原核生物である。
ⓑ T₂ファージはウイルスであり，生物ではない。
ⓒ 酵母は菌類（カビやキノコのなかま）であり，真核生物である。

4 真核生物
②

解説 ▶ ⓐ ゾウリムシは真核生物で単細胞生物（右図）。
ⓑ オオカナダモは水草として有名な被子植物である。よって，オオカナダモは真核生物で多細胞生物。
ⓒ 酵母は真核生物で単細胞生物の代表例である。
ⓓ ユレモはシアノバクテリアの一種であり原核生物。

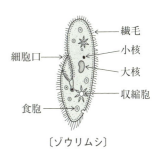

〔ゾウリムシ〕

4　第1章　生物の多様性と共通性

5　細胞の大きさ
④

解説▶ ⓐ　ゾウリムシはさまざまな細胞小器官をもち，一般的な真核生物の細胞よりも大きく（ **4** の解説の図を参照），その長さは約 $200\mu m$（$=0.2\,mm$）である。
ⓑ　ヒトの赤血球は，核やミトコンドリアを失った細胞であり，一般的な真核生物の細胞よりも小さく，大きさは約 $7\mu m$ である。
ⓒ　ニワトリの卵はいわゆる「卵の黄身」であり，約 $3\,cm$ にもなる巨大な細胞である。
ⓓ　大腸菌は原核生物なので，その大きさは約 $3\mu m$ である。
　よって，長さが短いものから ⓓ → ⓑ → ⓐ → ⓒ の順になる。

6　細胞の構造(1)
③

解説▶ （ア）　葉緑体と細胞壁をもつ真核細胞であり，植物細胞などがこのタイプになる。
（イ）　葉緑体をもたないが細胞壁をもつ真核細胞なので，酵母のような菌類などがこのタイプになる。
（ウ）　核をもたず，細胞壁をもつので，一般的な原核生物の細胞がこのタイプとなる。
（エ）　核やミトコンドリアが存在せず，さらに細胞壁も存在しないことから，ヒトの赤血球などがこのタイプになる。

7　細胞の構造(2)
①

解説▶ ②　すべての細胞は細胞膜に包まれているので，誤り。
③　すべての真核生物はミトコンドリアをもつので，誤り。
④　細胞質基質には流動性があるので，細胞小器官は細胞内を動いており，誤り。なお，この現象は原形質流動（細胞質流動）といい，オオカナダモの葉などでよく観察される。
⑤　液胞は植物細胞で大きく発達する細胞小器官であるため，誤り。

5

8 細胞の構造(3)
⑤

解説▶ ① 液胞には**アントシアン**が含まれることがあるが、オオカナダモの葉の場合にはアントシアンが含まれない。アントシアンは赤、紫、青といった色の色素であり、オオカナダモの葉がこのような色をしていないことから、①は誤りと判断できる。

②・③ オオカナダモの葉にはDNAを含む核があるが、赤色ではない。また、葉緑体も存在するが、葉緑体にはDNAが含まれる。よって②と③は誤り。

④ 植物の細胞壁の主成分である**セルロースは炭水化物**なので、誤り。

⑤ 細胞質基質は細胞小器官の間を満たす成分で、水・アミノ酸・糖・タンパク質などが含まれている。正しい。

9 顕微鏡の使用方法(1)
⑤

解説▶ ①〜④ どれも正しい顕微鏡の使用方法なので、確認しておこう。

⑤ ピントを合わせる際は、対物レンズとプレパラートとの間の距離を離しながらピント調節を行う。これは、対物レンズがプレパラートとぶつかって破損してしまうことを防ぐためである。よって、誤り。

10 顕微鏡の使用方法(2)
⑦

解説▶ 一般的な光学顕微鏡では、**上下左右が逆**の像が見えている。よって、「あ」という文字を見た場合、上下左右が逆、つまり、紙を180°回転させたような文字に見えることになる。

また、上下左右が逆に見えているので、視野の中で対象物を左に動かしたいならばプレパラートを右に、視野の中で対象物を下に動かしたいならばプレパラートを上に動かせばよい。本問では、対象物である「あ」の文字が視野右上に見えており、これを視野の中で左下に動かしたい状況である。よって、プレパラートを右上に動かせば、「あ」の文字を視野の中央に移動させられる。

第1章 生物の多様性と共通性

11 ミクロメーター
④

解説 ▶ 接眼ミクロメーターの12目盛りと対物ミクロメーターの15目盛りが一致しているようすが右図である。図中の2ヶ所の▲で目盛りが重なっているので，この間の距離について，接眼ミクロメーター1目盛りの長さを x

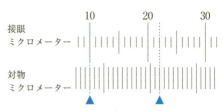

(μm)として次のような方程式を作ればよい。なお，対物ミクロメーター1目盛りの長さが 0.01mm＝10μm であることは問題の中で与えられている。

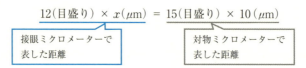

この式を解くと，$x=12.5\mu$m であり，観察した細胞の長さは，$14 \times 12.5 = 175\mu$m となる。

12 ATP
④

解説 ▶ ①・④ ATP（アデノシン三リン酸）は，アデニンとリボースが結合したアデノシンにリン酸が3つ結合した物質である（下図）。よって，①は誤りで④が正しい。

② リン酸とリン酸の間の結合は高エネルギーリン酸結合といい，ATPにはこの結合が2つあるので誤り。

③ ATPの高エネルギーリン酸結合が切断されてADPとリン酸に分かれる際にエネルギーが放出され，これがさまざまな生命活動に利用されるので誤り。

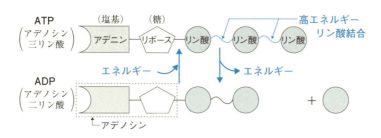

7

第1章 生物の多様性と共通性

13 エネルギーと代謝
③

解説 ▶ ① 光合成では，二酸化炭素と水から有機物を合成する。誤り。
② 酵素は生体触媒としてはたらくタンパク質である。誤り。
③ 同化の定義についての正しい記述である。
④ 呼吸では，酸素を用いて有機物を分解して生じるエネルギーで ADP から ATP をつくる。誤り。

14 酵素
③

解説 ▶ ① 代謝の多くは酵素によって促進されている。正しい。
② 呼吸や光合成に関わる酵素は細胞内ではたらくが，アミラーゼのような消化酵素やリゾチームなどのように，細胞外に分泌されて細胞外ではたらく酵素もある。正しい。
③ 燃焼では有機物を分解する反応が一度に急激に起こるため，放出されるエネルギーのほぼすべてが熱と光になる。一方，呼吸では酵素のはたらきによって段階的に分解反応が進むので，エネルギーが徐々に放出され，ATP の合成に使うことができる。よって，誤り。
④ 同化では単純な物質から複雑な物質がつくられ，異化では複雑な物質から単純な物質を生じる。正しい。

15 タンパク質
④

解説 ▶ タンパク質を食べると，消化酵素のはたらきによって分解され，アミノ酸になって吸収される。吸収されたアミノ酸は，各細胞でさまざまなタンパク質を合成する際にその材料として使われる。よって，食べたタンパク質がそのまま吸収されて体内ではたらくことはない。

16 代謝(1)
④

解説 ▶ ① 植物細胞では，光合成により二酸化炭素と水から有機物と酸素がつく

8　第1章　生物の多様性と共通性

り出される。誤り。

② 動物細胞に限らず，呼吸では有機物が酸素と反応して二酸化炭素と水を生じるときにエネルギーが取り出され，ATPがつくられる。誤り。

③ ATPは細胞内でADPからつくるものなので，ATPを細胞外から取り込んで使うことはない。誤り。

④ ATPを分解して生じたADPはエネルギーを取り込んでリン酸と結合し，再びATPになることができる。正しい（　12　の解説の図を参照）。

17　代謝(2)
②

解説 ▶　① イシクラゲなどのシアノバクテリアは光合成を行うが，原核生物であり葉緑体はもたない。誤り。

② 燃焼では生じるエネルギーのほぼすべてが光や熱になるが，呼吸では生じるエネルギーの一部をATPの合成に使うことができる。しかし，呼吸で生じるエネルギーの一部は熱となっており，体温の調節などに用いられているので，正しい。

③ 呼吸ではADPからATPを合成するので，誤り。

④ 葉緑体とミトコンドリアには核とは別の独自のDNAが存在している。しかし，これらの細胞小器官の中に核があるわけではない。誤り。

18　代謝(3)
③

解説 ▶　植物が行う光合成（図中の矢印ア）は，無機物である二酸化炭素から有機物を合成する同化の代表例である。また，動物において単純な有機物から複雑な有機物を合成する反応（図中の矢印ウ）も同化である。これ以外の矢印は異化である。

19　共生説(1)
④

解説 ▶　原始的な真核細胞に呼吸を行うことのできる細菌が共生してミトコンドリアの起源となり，さらにシアノバクテリアが共生して葉緑体の起源となったとする仮説が共生説（細胞内共生説）である。

9

20 共生説(2)
⑥

解説 ▶ ⓐ　シアノバクテリアの共生によって生じたと考えられている細胞小器官はミトコンドリアではなく葉緑体。誤り。
ⓑ　共生の順番については，呼吸をする細菌の共生の方がシアノバクテリアの共生よりも先に起こったと考えられており，正しい。ただし，核膜の形成時期と呼吸をする細菌の共生との前後関係は不明である。
ⓒ　共生の過程でミトコンドリアと葉緑体の両方をもった細胞は植物に進化したと考えられる。正しい。

21 共生説の根拠
③

解説 ▶ 「共生説の根拠」として適当かどうかを吟味する必要がある。
ⓐ・ⓓ　「これらの細胞小器官が昔は生物だったのでは？」と考える根拠になる特徴である。よって適当。
ⓑ・ⓒ　葉緑体についての記述として誤りではないが，このことが共生説の根拠にはならないため，不適となる。

22 酵素の実験(1)
⑤

解説 ▶ ブタの肝臓片に含まれるカタラーゼについての実験である。前提として，酵素はタンパク質でできた触媒であり，反応の前後で自身は消費されない。よって，実験を開始してしばらくすると，カタラーゼは残っているが過酸化水素(H_2O_2)が消費されてしまい泡が出なくなったと推測できる。
　本問はこの推測が正しいことを示すことが目的となっている。過酸化水素がすべて消費されたことが泡の出なくなった原因であるならば，試験管に過酸化水素を加えれば再び泡が出るはずである。よって，⑤の実験が適当である。また，この推測が正しい場合，①や③の実験では泡が出ないはずである。
　なお，カタラーゼが触媒する化学反応は，次のような反応であり，発生した泡は酸素である。

$$2H_2O_2 \longrightarrow 2H_2O + O_2$$

第1章 生物の多様性と共通性

23 酵素の実験(2)
④

解説 ▶ 22 に引き続き、カタラーゼについての実験である。

可能性[1]：「触媒がなくても酸素が発生する」という内容であり、触媒を加えない実験を行い、酸素が発生するかどうかを調べればよい。よって、可能性[1]を検証するための実験としては、ⓑが適当である。ⓑの実験で酸素が発生しなければ、可能性[1]を否定することができる。

可能性[2]：「発生した酸素は過酸化水素から生じたのではなく、肝臓片から生じたものである」という内容であり、過酸化水素を加えずに肝臓片のみを用いた実験を行い、酸素が発生するかどうかを調べればよい。よって、可能性[2]を検証する実験としては、ⓓが適当である。ⓓの実験で酸素が発生しなければ、可能性[2]を否定することができる。

24
問1　①　問2　③

解説 ▶ 問1　カオルの「対物レンズとプレパラートの間の距離を広げていくと、最初は小さい細胞が見えて、その次は大きい細胞が見えるよ。その後は何も見えないね。」という発言がポイントとなる。対物レンズとプレパラートの間の距離を広げていくようすを模式的に描いたものが下図である。最初に見えていた細胞はプレパラートの下側の細胞層、その次に上側の細胞層が見えていたことになる。よって、上側の細胞層の方が大きく見える選択肢①と③が候補として残る。

さらに、アキラの「調節ねじを同じ速さで回していると、大きい細胞が見えている時間の方が長いね。」という発言より、上側の細胞層にピントが合っている時間の方が長いことがわかる。よって、細胞の厚みについて、上側の細胞層の方が厚いことがわかり、③ではなく①が正しいと決定できる。

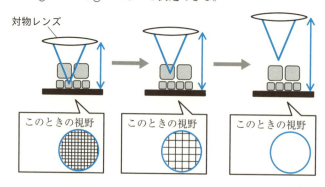

問2 実験を設計する際は，実験の目的を必ず確認する必要がある。本問での実験の目的は，「葉におけるデンプン合成には，光以外に，細胞の代謝と二酸化炭素がそれぞれ必要である」ことを確かめることである。つまり，光が必要なことは前提となっているので，処理Ⅲを行う必要がないことがわかり，植物体B，D，F，Hを用いないことが決まる。これだけで，残る選択肢が③のみとなる。

念のため③で用いる植物体について検討すると，AとCを比較してAのデンプン合成量の方が多ければ二酸化炭素が必要であることが，AとEを比較して，Aのデンプン合成量の方が多ければ細胞の代謝が必要であることが示される。

なお，表中の○と×はそれぞれの処理を行っているかどうかを表しており，条件の良し悪しではない点に注意する必要がある。

25

②

解説 ▶ ATP(アデノシン三リン酸)は，アデノシンにリン酸が3つ結合した物質である。リン酸の間の結合が高エネルギーリン酸結合なので，ATPには高エネルギーリン酸結合が2つある。また，アデノシンはアデニンとリボースが結合した物質である。

この動物の1つの細胞が1日に消費するATPは，
$$24 \times 3.5 \times 10^{-11} (g)$$
であり，この動物個体の細胞数が6兆(6×10^{12})個なので，この動物1個体が1日に消費するATPは，
$$24 \times 3.5 \times 10^{-11} \times 6 \times 10^{12} = 5040 (g) \fallingdotseq 5 (kg)$$
となる。

なお，1個体がもっているATPの総重量は，
$$8.4 \times 10^{-13} \times 6 \times 10^{12} = 5.04 (g)$$
であり，**1日に消費するATPの総重量が，体内に存在するATP量の1000倍にもなる**ことがわかる。このことから，**ATPは細胞内に貯蔵しておくための物質ではなく，分解と合成を繰り返して使われる物質である**ことがわかる。

26

解説 ▶ 図1の反応系は生育に必要な物質を合成する反応系なので，図1中の ウ は生育に必要な物質である。よって， ウ を合成する反応のいずれかが進まなくなった変異体では， ウ が不足して生育できなくなる。

12　第1章　生物の多様性と共通性

　例えば，酵素 カ がはたらかなくなった変異体は， ウ を与えられれば生育できるようになる。しかし， ア や イ を与えられても，酵素 カ による反応が進まず ウ は不足した状態のままであり，生育できるようにならない。

　さらに，酵素 オ がはたらかなくなった変異体は， ウ を与えられた場合だけでなく， イ を与えられた場合にも酵素 カ によって ウ をつくることができ，生育できるようになる。

　最後に，酵素 エ がはたらかなくなった変異体は， ウ を与えられた場合だけでなく， ア や イ を与えられた場合にも自身の酵素により ウ をつくることができ，生育できるようになる。以上の結果をまとめると下表のようになる。

はたらけない酵素	加えることで生育できるようになる物質
酵素 エ	ア ， イ ， ウ
酵素 オ	イ ， ウ
酵素 カ	ウ

　この表と与えられた結果とを対応させると，酵素Yが酵素 エ ，酵素Zが酵素 オ ，酵素Xが酵素 カ であり，物質Bが ウ ，物質Cが イ ，物質Dが ア と決定できる（下図）。

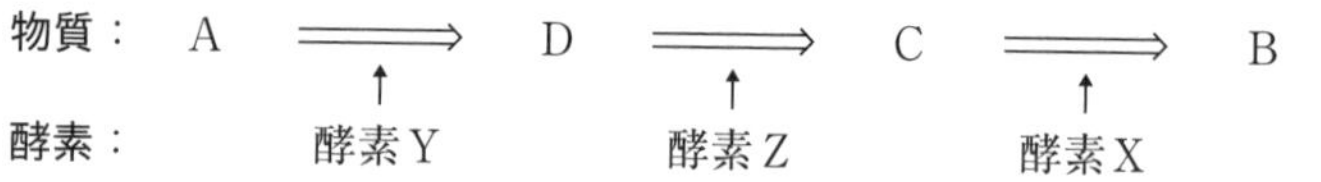

物質：　A ⟹ D ⟹ C ⟹ B
酵素：　　　酵素Y　　　　酵素Z　　　　酵素X

第2章 遺伝子とそのはたらき

27 DNAの構造
⑥

解説▶ ⓐ DNAのヌクレオチドに含まれる糖がデオキシリボースであり、誤り。
ⓑ ヌクレオチド鎖（右図）において、糖は2つのリン酸と結合しており、正しい。
ⓒ DNAにおいては、右図のようにアデニン（A）とチミン（T）、グアニン（G）とシトシン（C）が相補的に結合しているので、正しい。

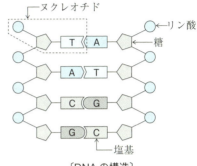

〔DNAの構造〕

28 シャルガフの規則
⑤

解説▶ 2本鎖DNA（下図）において全塩基数の30％がAなので、シャルガフの規則よりA＝T＝30％、残りの40％についてはG＝C＝20％となる。

X鎖だけに注目した場合、X鎖の塩基数の18％がCである。2本鎖におけるCの割合（＝20％）は、**X鎖におけるCの割合とY鎖におけるCの割合の平均値**となることから、Y鎖におけるCの割合は22％となる。

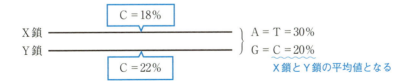

14　第2章　遺伝子とそのはたらき

29　DNA 抽出実験
④

解説 ▶　DNA は食塩水によく溶けるので，操作3でろ過した際にガーゼを通過できる。しかし，DNA が溶けている溶液にエタノールを入れると DNA が沈殿し，繊維状の DNA が現れる。

また，選択肢の生物試料のうち，ニワトリの卵白は主としてアルブミンというタンパク質が含まれたもので細胞ではないため，DNA は含まれない。よって，ニワトリの卵白を用いて DNA を抽出することはできない。

30　DNA の研究史
②，⑥

解説 ▶　① DNA を発見した研究についての記述であり，遺伝子の本体が DNA であることを示す成果ではない。なお，参考までに研究者Aはミーシャーというスイスの医師である。

③　シャルガフの規則についての記述。

④　ワトソンとクリックによる DNA の2重らせんモデルの提唱についての記述。

⑤　メンデルによる遺伝の法則の発見についての記述。

上記①，③～⑤はいずれも遺伝子の本体が DNA であることを示す成果ではない。

②　形質転換の原因物質が DNA であることを示したエイブリーらの実験についての記述であり，遺伝子の本体が DNA であることを示す成果である。

⑥　ハーシーとチェイスが T_2 ファージの遺伝子の本体が DNA であることを示した研究についての記述で，遺伝子の本体が DNA であることを示す成果である。

31　形質転換の研究史
④

解説 ▶　①・③ ①のフランクリンと③のウィルキンスは，X線を用いた実験でDNA がらせん構造をした物質であることを示した研究者。

②・④　形質転換を発見したのは②のグリフィス，形質転換の原因物質が DNA であることを示したのは④のエイブリーである。

⑤　ハーシーはチェイスとともに，T_2 ファージの遺伝子の本体が DNA であることを示した研究者。

⑥　ワトソンは，クリックとともに DNA の2重らせんモデルを提唱した研究者。

32 T₂ファージの研究史
②

解説 ▶ T₂ファージは大腸菌の表面に付着すると，DNA のみを大腸菌内に注入し，タンパク質の殻は大腸菌の外側に残る。

①・③　大腸菌に T₂ファージを感染させた後，強く撹拌するとタンパク質の殻が大腸菌から外れる。さらに遠心分離をすると大きくて重い大腸菌は沈殿するが，タンパク質の殻は沈殿しない。そこで，あらかじめ T₂ファージのタンパク質を標識しておくと，標識は上澄みから，T₂ファージの DNA を標識しておくと，標識は沈殿から検出される。よって，①と③は誤り。

②・④　また，撹拌せずに遠心分離をすると，T₂ファージのタンパク質が付着したまま大腸菌が沈殿するので，タンパク質と DNA のいずれを標識した場合であっても標識は沈殿から検出される。よって，②が正しく，④が誤り。

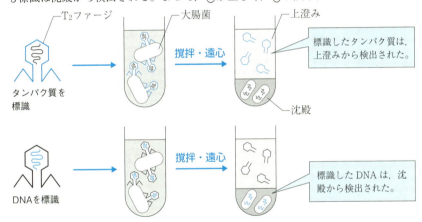

33 形質転換(1)
問1　③　　問2　②

解説 ▶ 問1　「S型菌の形質を決定する物質」は，S型菌の DNA である。S型菌の DNA が加熱されることでR型菌の DNA に変化するわけではなく，③が誤り。
　なお，DNA が加熱によって壊れてしまうような物質であれば，加熱殺菌したS型菌の DNA をR型菌が取り込んでも，その DNA をつかえないため，S型菌に変化できないと考えられる。よって，②は正しい記述と判断できる。

問2　形質転換の原因物質が DNA であることを示す実験を選択すればよい。「S型菌の DNA があれば形質転換ができる」という実験，もしくは「S型菌の DNA がないと形質転換できない」という実験を探せばよい。

16　第2章　遺伝子とそのはたらき

34　形質転換(2)
⑤

解説 ▶ 実験1：一部のR型菌が加熱殺菌したS型菌のDNAにより形質転換し，S型菌になるため，ネズミは肺炎を起こす。

実験2：S型菌のDNAが分解され，存在していないためR型菌は形質転換を起こさず，ネズミは肺炎を起こさない。

実験3：生きたS型菌を注射しているので，ネズミは肺炎を起こす。

35　DNAとRNA
⑦

解説 ▶ DNAに含まれる塩基はA，T（＝チミン），G，Cの4種類，RNAに含まれる塩基はA，U（＝ウラシル），G，Cの4種類である。

36　核酸
⑦

解説 ▶ ATPはアデノシンにリン酸が3つ結合しており，リン（P）を含む。DNAもRNAも構成単位であるヌクレオチドにはリン酸が含まれており，リンを含む。

37　遺伝情報の発現についての計算問題(1)
ア－④　　イ－②

解説 ▶ ア．シャルガフの規則より，この300塩基対（＝600個のヌクレオチド）のDNAに含まれる塩基の割合について，

$$A = T = 20\% \quad , \quad G = C = 30\%$$

である。よって，Cの数は，

$$600 \times \frac{30}{100} = 180（個）$$

である。

イ．300塩基対のDNAが転写されると，300個のヌクレオチドからなるmRNA（伝令RNA）が合成される。mRNAの3つの連続した塩基配列が1つのアミノ酸を指定しているので，300個のヌクレオチドからなるmRNAが翻訳されると，100個のアミノ酸がつながったタンパク質が合成される。

17

38 ヒトゲノム
③

解説 ▶ ヒトゲノムに含まれる塩基対数(30億塩基対)は知っておくべき数値の１つである。さらに，ヒトゲノムに存在する遺伝子数が約２万個であることも覚えておく必要がある。

39 翻訳(1)
②

解説 ▶ コドンが64通りあり，それぞれのコドンが20種類のアミノ酸を指定していることから，複数のコドンが同じアミノ酸を指定することがあると考えられる。
　コドンは mRNA の３つの塩基の並びなので，チミンが用いられることはなく，③は誤り。タンパク質合成に用いられるアミノ酸が20種類ということは事実として示されており，④も誤り。

40 翻訳(2)
ア − ②　　イ − ①

解説 ▶ 　ア．mRNA の連続した３つの塩基配列がアミノ酸を指定するので，UG が繰り返した RNA においては，UGU・GUG・UGU・GUG・・・と，２種類のコドンが交互に現れる。よって，UGU が指定するアミノ酸と，GUG が指定するアミノ酸が交互に繋がったタンパク質が合成されると考えられる。
イ．UGC が繰り返した RNA(UGCUGCUGCUGC…)では，翻訳開始点となる塩基の違いにより，「UGC が指定するアミノ酸のみが繋がったタンパク質」が合成されるだけでなく，「GCU が指定するアミノ酸のみが繋がったタンパク質」，「CUG が指定するアミノ酸のみが繋がったタンパク質」の３種類のタンパク質が合成される。しかし，どのタンパク質も１種類のアミノ酸が繰り返されたものである。

41 翻訳(3)
ア − ⑦　　イ − ②

解説 ▶ 　AUG という塩基配列のコドンが出現する確率は，
　「(１文字目がＡになる)かつ(２文字目がＵになる)かつ(３文字目がＧになる)」
確率であり，４種類の塩基(A，U，G，C)が偏りのない配列で繋がった RNA では，

第2章 遺伝子とそのはたらき

18　第2章　遺伝子とそのはたらき

$\dfrac{1}{4} \times \dfrac{1}{4} \times \dfrac{1}{4} = \dfrac{1}{64}$　となる。

　同様に，問題文より，アルギニンを指定するコドンは6種類あるので，アルギニンを指定するコドンが出現する確率は $\dfrac{6}{64}$ である。よって，$\dfrac{6}{64} \div \dfrac{1}{64}$ より，アルギニンを指定するコドンが出現する確率は，メチオニンを指定するコドンの出現する確率の6倍と推定できる。

42　遺伝子数の計算問題
①

解説 ▶　DNAは2本鎖であることから，この細菌のDNAは，

$$8.0 \times 10^6 \times \dfrac{1}{2} = 4.0 \times 10^6 \text{（塩基対）}$$

からなる。すると，この細菌のDNAのうち，遺伝子としてはたらいている領域は，

$$4.0 \times 10^6 \times \dfrac{20}{100} = 8.0 \times 10^5 \text{（塩基対）}$$

である。

　1つの遺伝子は平均で 5.0×10^2 塩基対からなるので，この細菌のもつ遺伝子数は，

$$\dfrac{8.0 \times 10^5}{5.0 \times 10^2} = 1.6 \times 10^3 \text{（個）}$$

となる。

43　遺伝情報の発現についての計算問題(2)
⑤

解説 ▶　ア．シャルガフの規則より，この300塩基対，つまり600個のヌクレオチドからなるDNAにおいて，A＝T＝$600 \times \dfrac{22}{100} = 132$個，さらに，G＝C＝$600 \times \dfrac{28}{100} = 168$個である。

イ．このDNAの一方の鎖の80％の領域が転写されたので，合成されたmRNAは，$300 \times \dfrac{80}{100} = 240$個のヌクレオチドから構成されている。mRNAの3つの連続した配列によって1つのアミノ酸を指定するので，合成されたタンパク質は，$240 \times \dfrac{1}{3} = 80$個のアミノ酸が連なったものとなる。

44 ゲノム(1)

⑦

解説▶ ⓐ 遺伝子数は生物ごとに異なるので，誤り。

ⓑ ヒトの同一個体を構成する細胞は，もともと1つの受精卵が分裂をした結果生じたものであり，基本的に同じDNAをもっている。しかし，細胞ごとに必要な遺伝子を選択的に発現させることで，形態や機能が異なる細胞に分化する。よって，誤り。

ⓒ 真核生物では，遺伝子としてはたらきタンパク質に翻訳される部分はゲノムのごく一部であり，ほとんどの部分は翻訳されない。よって，正しい。なお，ヒトの場合，遺伝子としてはたらく領域はゲノム全体の約1.5%にすぎない。

45 ゲノム(2)

①

解説▶ ① 遺伝子にはさまざまなものがあり，特定の病気になりやすくなる遺伝子，薬の副作用が現れやすくなる遺伝子などがある。よって，個人のゲノムを調べることで，病気へのかかりやすさ，薬の効きやすさなどを知ることができ，発症のリスクを下げるための生活習慣の改善，薬の種類の選択や投与量の決定などに役立てることができる。よって①は正しい。

②・③・④ 食中毒の回数は食中毒の原因となるものをどの程度摂取するかによるものであり，一生の間に合成するATP量は環境条件，寿命などにより異なるため，ゲノムを調べてもわからない。また，遺伝子数は生物によって異なる。よって，すべて誤り。

46 DNAと遺伝情報(1)

①

解説▶ ②・③ 動物と同様に，植物個体を構成する細胞も1つの受精卵が分裂した結果生じたものであり，葉の細胞も花芽の細胞も根の細胞も基本的に同じDNAをもっている。よって，葉の細胞にも葉以外で発現する遺伝子は存在し，花芽の細胞にも花芽以外で発現する遺伝子が存在するので，②と③は誤り。

④ DNAの一部のみが転写されることから，花芽の細胞から抽出したRNAの全塩基配列がDNAの全塩基配列と一致することはあり得ない。また，DNAに含まれる塩基はA，T，G，Cであり，RNAに含まれる塩基はA，U，G，Cである。よって，誤り。

47 DNAと遺伝情報(2)
①

解説 ▶ 細胞質にあるmRNAの種類が同じということは，発現している遺伝子が同じという意味である。筋肉細胞と皮膚細胞は，核にあるDNAの塩基配列は同じだが，発現している遺伝子が異なる(核で転写される遺伝子が異なる)ので，細胞質にあるmRNAの種類は同じにはならない。

48 だ腺染色体
②

解説 ▶ ①・②・③・⑤ ショウジョウバエなどの幼虫の間期のだ腺細胞には，細胞分裂のときに観察される染色体の100〜200倍の大きさをもつ，だ腺染色体がある(右図)。よって②は正しく，③は誤り。

〔だ腺染色体の一部〕

　だ腺染色体には，酢酸カーミンなどでよく染まる多数の横じま(赤く染まるので⑤は誤り)があり，横じまが遺伝子の位置を知る目安となる。遺伝子はDNA上に等間隔に存在するわけではないので，この横じまも等間隔には存在していない(①は誤り)。
④　だ腺染色体にはパフが観察され，パフのできている位置に存在する遺伝子が活発に転写され，RNAが合成されているので，④は誤り。

49 細胞周期(1)
①

解説 ▶ ①　真核生物の体細胞分裂では，核が2つに分裂した後に細胞が2つになるため，正しい。
②・④　DNAを複製する準備をする時期がG_1期，DNAが複製される時期はS期であり②と④は誤り。
③　RNAによってDNAが束ねられるという現象はないので，誤り。なお，この選択肢は正誤判定できなくてよい。
⑤　分裂期(M期)の終期が終わると同時に細胞当たりのDNA量が半減するので，誤り。

50 細胞周期(2)
③

解説 ①・② S期にDNAが複製されるため，G_2期の核に含まれるDNAの本数はG_1期の核に含まれるDNAの本数の2倍であり，DNA量（DNAの質量）も2倍となる。よって，①と②は誤り。

③・④ S期にはもとのDNAと同じ塩基配列をもつDNAをつくるので，DNAに含まれる4種類の塩基の比率は，G_1期とG_2期で変化しない。しかし，DNAの本数が2倍になっているので，各塩基の数は2倍となっている。よって，③が正解，④が誤り。

51 細胞周期(3)
②

解説 ①・② DNAの複製はS期に行われ（①は誤り），核分裂の後に細胞質分裂が起こる（②は正しい）。 49 の解説を参照すること。

③ 細胞が分化する際は，G_1期から細胞周期を外れ，固有の形態とはたらきをもつようになる。このような状態にある細胞は，G_0期にあるといわれる。よって，誤り。

④ 分化した細胞では，不要な遺伝子は発現していないだけで失われてはいない。よって誤り。 44 の解説を参照すること。

52 体細胞分裂の観察
⑤

解説 体細胞分裂を観察するために，タマネギの根端分裂組織のプレパラートを作製する手順は以下の通りであり，⑤が正解となる。

手順1：タマネギの根端を切り取り，45%酢酸などに10分程度浸す。
　⇒ この操作は固定といい，この操作によって，細胞は死ぬが，細胞の構造が崩れたり分解されたりすることを防げるので，見た目は生きていたときのまま保つことができる。

手順2：固定した根端を約60℃の希塩酸に15秒ほど浸し，観察に用いる先端の約2mmの部分をスライドガラス上に残す。
　⇒ この操作を解離といい，植物細胞の細胞壁どうしをする物質を除去することができ，細胞どうしが接着していない状態になる（右図）。

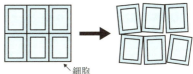
細胞

手順3：酢酸カーミンなどの染色剤を滴下して約10分放置する。
手順4：カバーガラスをのせ，プレパラートをろ紙で挟み，親指で強く押しつぶす。
　⇒　手順3，4の操作をそれぞれ染色，押しつぶしという。押しつぶしをすると，細胞が1層に広がり（＝細胞が重なっていない），観察しやすくなる（下図）。

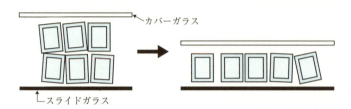

53　細胞周期の計算問題(1)
④

解説 ▶ 細胞周期の長さは細胞数の倍加に要する時間として求めることができる。本問では，細胞集団の細胞数が72時間で8倍，すなわち2^3倍になっており，細胞数の倍加が3回起こっていることになる（下図）。よって，細胞周期は72÷3＝24時間となる。

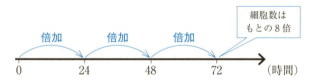

54　細胞周期の計算問題(2)
④

解説 ▶ ランダムに分裂している細胞集団において，細胞周期の各時期の観察された細胞数の割合は，細胞周期の各時期に要する時間の割合に等しい。よって，細胞周期全体の時間をx（時間）とすると，

$$\frac{20（個）}{1000（個）} = \frac{0.5（時間）}{x（時間）}$$

という関係式が成立するので，細胞周期は25時間となる。
　1000個の細胞が4倍の4000個になるためには，細胞数の倍加を2回する必要があるので，これに要する時間は

$$25 \times 2 = 50（時間）$$

となる。

55 細胞周期の計算問題(3)

③

解説 ▶ G₀期の細胞は，G₁期から細胞周期を離れた細胞なので，G₀期とG₁期の細胞当たりのDNA量は等しい。よって，G₁期の細胞が全体の40%であり，G₁期に要する時間も細胞周期の40%である。下のグラフを参考にすると，G₀期の細胞の2倍のDNA量の細胞は，G₂期の細胞とM期の細胞であり，これの合計が全体の30%である。すると，残りの30%がS期の細胞とわかる。

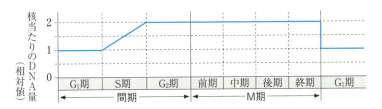

細胞周期が30時間なので，

G₁期に要する時間は，$30 \times \dfrac{40}{100} = 12$ (時間)

S期に要する時間は，$30 \times \dfrac{30}{100} = 9$ (時間)

である。さらに，

G₂期に要する時間とM期に要する時間の和は，$30 \times \dfrac{30}{100} = 9$ (時間)

であり，M期が2時間なので

G₂期は，$9 - 2 = 7$ (時間)

となる。

整理すると，G₁期 = 12時間，S期 = 9時間，G₂期 = 7時間，M期 = 2時間となる。

56 細胞の分化と遺伝子発現

⑤

解説 ▶ 本問では肝臓でつくられるタンパク質の遺伝子を選択する。アミラーゼはだ腺細胞などで合成される消化酵素である。インスリンは膵臓のランゲルハンス島B細胞で合成されるホルモンである。ヘモグロビンは赤血球に含まれ，酸素の運搬を担うタンパク質である。クリスタリンは眼の水晶体 (レンズ) の細胞で合成されるタンパク質で，これにより水晶体が透明な構造となることが可能となる。最後に，アルブミンは肝臓で合成され，血しょう中に多く含まれるタンパク質である。

24　第2章　遺伝子とそのはたらき

57
　　　ア - ⑦　　イ - ②

解説 ▶　**41** と同様に考察すればよい。

　UGG という塩基配列のコドンが出現する確率は「（1文字目がUになる）かつ（2文字目がGになる）かつ（3文字目がGになる）」確率であり，4種類の塩基（A，U，G，C）が偏りのない配列で繋がった RNA では，$\frac{1}{4} \times \frac{1}{4} \times \frac{1}{4} = \frac{1}{64}$ となる。

　同様に，セリンを指定するコドンは6種類あるので，セリンを指定するコドンが出現する確率は $\frac{6}{64}$ である。

　よって，セリンを指定するコドンは，トリプトファンを指定するコドンの出現する確率の $\frac{6}{64} \div \frac{1}{64} = 6$ 倍　と推定することができる。

58
　　　問1　⑧　　問2　④　　問3　④

解説 ▶　**問1**　生物のもつ DNA は2本のヌクレオチド鎖からなり，シャルガフの規則が成立する。これは2本鎖の DNA ではAとT，GとCが相補的に結合していることによる。しかし，1本鎖の DNA ではこのような塩基対を形成していないので，各塩基の割合についてA＝T，G＝Cという関係が成立しない。よって，表1の材料からこの関係が成立していないものを探すと，「ク」があてはまる。

問2　同じ生物の細胞の DNA であれば，各塩基の割合はほぼ等しくなる。また，卵や精子の核当たりの DNA 量は，肝臓などのからだを構成する細胞の核当たりの DNA 量の約半分である。以上の条件を満たす組合せは，「ウ」と「エ」であり，「ウ」が肝臓の細胞，「エ」が同じ生物の精子と考えられる。

問3　二重らせん構造をとっている DNA なので，シャルガフの規則が成立する。

　　　　T＝2G

という関係が成立することから，

　　　　T＝A＝2G＝2C

であり，

　　　　T＋A＋G＋C＝100%

なので，

　　　　3A＝100%

である。よって，Aの割合は約33%の④となる。

59

問1 ① 問2 ⑤ 問3 ①

解説 ▶ 問1 29 が同じ内容の問題である。①のニワトリの卵白は細胞ではないのでDNAが含まれていない。その他の材料はどれも細胞なので、DNAを抽出することができる。

問2 ① ヒトの個々人どうしでゲノムを比較すると、塩基配列の大半は同じだが同一ではないので、誤り。
② からだを構成する分化した細胞は、受精卵が細胞分裂を繰り返して生じたものであり、受精卵と同じ塩基配列のDNAをもつので、誤り。
③ DNAを複製して2倍量にする時期はS期であり、誤り。
④ ハエのだ腺の細胞は特定の遺伝子を選択的に発現しており、転写している部分がパフとなっているので、誤り。
⑤ 神経の細胞と肝臓の細胞のゲノムは同じだが、発現している遺伝子の種類が異なるので、形態や性質が異なっている。よって、正しい。

問3 ヒトゲノム（約30億塩基対＝約3.0×10^9塩基対）において、翻訳領域は、

$$3.0 \times 10^9 \times \frac{1.5}{100} = 4.5 \times 10^7 (塩基対)$$

である。 38 の解説にも書いたが、ヒトの遺伝子数は約2万個※なので、遺伝子1個当たりの翻訳領域の長さは、

$$\frac{4.5 \times 10^7}{20000} = 2250 (塩基対)$$

※ ヒトの遺伝子数が約2万個であることは覚えておこう。本問は覚えていないと解くことができない。

となる。よって、アは2千。

ヒトゲノムにおいて、翻訳領域はたった1.5％であることから、遺伝子はゲノム中に点在しているイメージであることがわかる（右図）。この図を踏まえ、遺伝子と

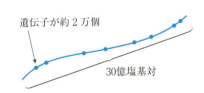

遺伝子の間隔がどの程度かを求めればよいので、遺伝子は平均すると、

$$\frac{3.0 \times 10^9}{20000} = 1.5 \times 10^5 (塩基対)$$

ごとに存在していることになる。よって、イは15万となる。

26　第2章　遺伝子とそのはたらき

60

　　　問1　④　　　問2　②　　　問3　⑧

解説 ▶　**問1**　実験1より，細胞Cは無限に細胞分裂する能力をもっていないことがわかる。実験2の内容をまとめたものが下表である。

表　実験2のまとめ

用いた細胞	結　果
C_{10}	40回分裂して分裂停止
C_{40}	10回分裂して分裂停止
C_{10} と C_{40}	C_{10} は40回，C_{40} は10回分裂して分裂停止

　この結果から，分裂回数の異なる細胞を混合しても，それぞれの細胞の分裂回数は変化していないことがわかる。

問2　C_{10} が40回，C_{40} が10回分裂をして分裂停止することから，C_{20} と C_{30} をそれぞれ単独で培養すると，C_{20} は30回，C_{30} は20回分裂をして分裂停止する。このことを踏まえ，実験3の内容をまとめたものが下表である。

表　実験3のまとめ

細胞質	核	結　果
C_{20}	C_{30}	20回分裂して分裂停止
C_{30}	C_{20}	30回分裂して分裂停止

　この結果から，細胞が可能な分裂回数は核が決定していることがわかる。

　③が正しいと仮定すると，どちらも30回分裂して分裂停止することになる。また，④が正しいと仮定すると，どちらも20回分裂して分裂停止することになる。

問3　膵臓は膵液を，肝臓は胆汁を分泌して食物の消化吸収に関わるため，どちらも消化系である。腎臓は食物の消化には関わらず，排出系に属する。

61

　　　問1　④　　　問2　③

解説 ▶　**問1**　実験1の結果より，紡錘体の染色体が並んでいる面(赤道面)の位置にくびれが入ることが読み取れる。この実験結果を踏まえて仮説1〜仮説4を検討する。

仮説1：実験1では，くびれの形成と紡錘体のできる時期との関係を調べていない。よって，仮説1を否定することも肯定することもできない。

仮説2：くびれは紡錘体の赤道面に形成されている。よって，紡錘体の両極にある中心体を含む面には形成されておらず，仮説2は否定される。

仮説3：実験1の図1bや図1cより，紡錘体ができた後にくびれが形成されていることがわかる。よって，仮説3は肯定される。

仮説4：核を動かしたことで，紡錘体が形成される位置が変わると，くびれの形成される位置も変化している。よって，紡錘体の位置とくびれが形成される位置には関係性があると考えられ，仮説4は否定される。

問2　問1で否定されていない仮説1と仮説3を検討すればよい。

　実験2で，中期以前に紡錘体を取り除くとくびれが形成されなかったことから，中期以前の段階では，くびれを形成するためのしくみがはたらいていないことが予想される。一方，中期より遅い時期に紡錘体を取り除くとくびれが形成されたことから，中期より遅い時期になると，くびれを形成するためのしくみがすでにはたらいていると予想される。この結果より，くびれを形成するためのしくみが紡錘体のできた後にはたらくことが読み取れ，仮説1が否定されるとともに，仮説3が妥当と考えられる。

62

問1　①，④　　問2　⑤　　問3　④，⑥

解説▶　**問1**　実験1において成熟したカサノリの柄の上端部から傘が再生したことから，この部分には傘を再生するための情報が存在すると考えられる。また，柄の上端部から仮根は再生しておらず，仮根を再生するための情報は存在しないと考えられる。よって，④が正しい。

　実験2において，B種の仮根とA種の柄を接いだ場合，柄の中にA種の傘を再生するための情報が存在するので，一度はA種の傘が再生したと考えられる。しかし，2回目以降の再生ではB種の傘が再生していることから，2回目以降については核の存在する仮根によって傘の形が決定されると考えられる。

　また，**実験3**において，A種から核を除去して傘を切除した場合，一度はA種の傘を再生している。ここで，B種の核を移植すると，それ以降はB種の傘を再生している。これらの実験結果から，柄の中には傘を1回再生する分の情報が存在しており，その情報を使ってしまうと，仮根にある核から新たな情報が供給されると考えることができる。

　以上より，傘の形は核からの情報によって決まっているが，柄だけでも一度は再生することができるので，核が直接情報を伝えるのではなく，核外，すなわち細胞質にその情報が伝わり，細胞質の情報によって傘が再生すると考えられるので，②と③は誤りとなる。さらに，実験1で柄の上端部のみから傘を再生したことや，実験3で核を除去していても一度は傘を再生していることから，核外の情報は核がな

くてもしばらく無くならないと考えられ，①は合理的な結論といえる。
実験2の結果とそのしくみを模式的に示したものが下図である。

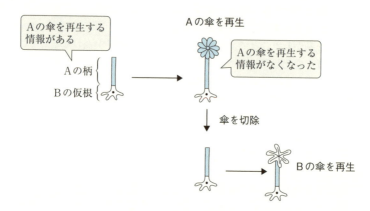

問2　核の中にはDNAとタンパク質からなる染色体が存在し，RNAが合成されていることから，タンパク質，RNA，DNAが存在することがわかる。また，核内の液体部分にはもちろん水が含まれる。

問3　選択肢の生物を分類したものが下表である。

原核生物	①大腸菌，③イシクラゲ，⑧ユレモ
単細胞の真核生物	④ゾウリムシ，⑥酵母
多細胞の真核生物	②クラゲ，⑤ミジンコ，⑦オオカナダモ

63

問1　④　　問2　③

解説　問1　細胞の増殖が止まった原因が「空間不足」であるならば，空間不足という原因を改善すれば細胞の増殖が再開するはずである。また，原因が「栄養分不足」であるならば，栄養分不足という原因を改善すれば細胞の増殖が再開するはずである。つまり，細胞の増殖が止まった原因を知りたければ，ある要因を改善して細胞分裂が再開するかどうかを吟味すればよい。

実験2のxとyは，実験1で血清を10％含む培養液を用いた条件で細胞の増殖が止まった段階で，血清を10％含む新しい培養液に交換している。すると，細胞数はさらに増加しているので，実験1で細胞の増殖が止まった原因は，与えられた血清中に含まれる増殖に必要な物質を使い切ってしまったことであると考えられる。そして，細胞数がさらに増加したことから，実験1で細胞の増殖が止まった段階で，シャーレにはまだ増殖する空間は存在していたと考えられる。

問 2　実験 3 の z の段階では，培養液を取り替えても細胞の増殖がみられないことから，z の段階で細胞の増殖が止まっている原因は血清中の物質を使い切ったことではないと判断できる。また，z の段階の細胞を解離，希釈して血清を含む培養液に入れると，増殖を始めたことから，z の段階の細胞が老化して増殖能力を失っている訳ではないこともわかる。よって，①と②は誤り。

　すると，細胞の密度が上昇してシャーレに増殖する空間がなくなっていることが，z の段階で増殖が止まったままである原因と予想することができる。よって，③は正しい。さらに，実験 4 では血清を10％含む培養液を入れたシャーレを用いて培養しており，「血清中の増殖に必要な物質がなくても増殖を開始」したわけではないので，④も誤りである。なお，「増殖に必要な物質がなくても増殖できる」という仮説はそもそも不自然である。

30　第3章　生物の体内環境の維持

第3章 │ 生物の体内環境の維持

64　体液の組成
③

解説▶　血液とリンパ液は組織液とともに体液であり，血しょうやリンパ液の組成は組織液の組成に近いと考えられる。細胞質基質と組織液ではナトリウムイオンなどの濃度が大きく異なり不適である。また，海水はヒトの体液よりも遥かに濃度が高いため不適である。

65　血液(1)
④

解説▶　有形成分の数やはたらきなどは，大まかな値でよいので単位とともに覚えておきたい(下表)。

有形成分	核	数(/mm³)	はたらき
赤血球	無	男410万〜530万，女380万〜480万	酸素の運搬など
白血球	有	4000〜9000	免疫
血小板	無	20万〜40万	血液凝固
液体成分	構成成分(質量パーセント濃度)		はたらき
血しょう	水(約90%)・タンパク質(約7%)・グルコース・脂質・無機塩類など		栄養分・老廃物などの運搬，血液凝固，免疫

　血液中のグルコースは血糖と呼ばれ，血糖濃度は自律神経やホルモンのはたらきによって，約0.1%($\fallingdotseq$1.0 mg/mL)に保たれている。

66　血液(2)
⑥

解説▶　①・⑤　ほぼすべての酸素は赤血球に含まれるヘモグロビンと結合して運搬されるため，①と⑤はともに誤り。
②　血しょう中にはアルブミンやインスリンなどのさまざまなタンパク質が溶けており，誤り。

③ 出血時などには，フィブリンがつくられ，これが有形成分を絡めることで血ぺいができるので，誤り。
④ 二酸化炭素は炭酸水素イオン(HCO_3^-)として血しょう中に溶けて運ばれるので，誤り。
⑥ ヘモグロビンは，酸素濃度が高いときは酸素と結合して酸素ヘモグロビンに変化しやすく，酸素濃度が低いときには酸素を解離して再びヘモグロビンに戻る性質があることから，正しい。

67 血液凝固
③

解説 ▶ 「出血が止まりづらくなった」という記述から，ヤナギに含まれる成分により，傷口に血ぺいがつくられにくくなったと考えられる。このことから，この成分は血ぺいの形成を担う血小板に作用したと考えるのが最も合理的である。

68 ペースメーカー
①

解説 ▶ 右心房にある洞房結節はペースメーカーとも呼ばれ，周期的に興奮する性質がある(右図)。洞房結節で生じた興奮は心臓全体に伝わり，心臓を拍動させる。これによって，心臓は他から刺激がない状態でも自動的に拍動をすることができ，これを心臓の自動性という。

洞房結節には交感神経と副交感神経が接続しており，血液中の二酸化炭素濃度の変化などに応じて拍動が調節されている。

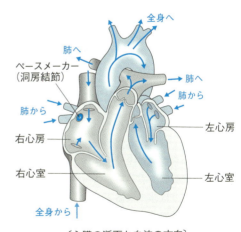

〔心臓の断面と血流の方向〕

69 体液循環(1)
②

解説 ▶ ① 動脈の血管壁は筋肉の層が発達しており，静脈の血管壁よりも厚い。

32　第3章　生物の体内環境の維持

また，**毛細血管は一層の内皮細胞からなる**ため，動脈や静脈よりも壁が薄い。誤り。

② 　リンパ液は**リンパ管**を通った後，**鎖骨下静脈**に合流するので，正しい。

③ 　採血した血液を試験管に入れて放置すると，血液凝固を起こし，沈殿物（血ぺい）と上澄み（**血清**）に分離するので，誤り。

④ 　**肺動脈**を流れる血液は酸素へモグロビンの割合の低い**静脈血**，**肺静脈を流れる血液は酸素へモグロビンの割合の高い動脈血**なので，誤り。

⑤ 　酸素の大部分は赤血球により運ばれるが，組織から放出される**二酸化炭素の大部分は炭酸水素イオン**（HCO_3^-）となって，血しょうに溶けて運ばれるので，誤り。

70　体液循環(2)
②

解説 ▶ ① 　肺では，肺動脈から運ばれてきた静脈血が動脈血になるので，誤り。

② 　**左心室からは全身に，右心室からは肺に向かって血液が送り出される。**正しい。

③ 　リンパ液はリンパ管を通り，鎖骨下静脈に戻るので，誤り。

④ 　酸素を運搬するタンパク質はヘモグロビンであり，誤り。

⑤ 　**リンパ節，脾臓，胸腺**はリンパ系だが，**副甲状腺**はリンパ系ではなく，内分泌系である。誤り。

71　体液循環(3)
⑥

解説 ▶ ① 　ヒトの血管系は毛細血管をもつ**閉鎖血管系**であり，誤り。

② 　ヒトの心臓は**2心房2心室**であり，全身から戻った静脈血と肺から戻った動脈血は心臓内で混ざり合わない。誤り。

③ 　**体循環**では，左心室から全身に血液が送り出され，**右心房**に戻るので，誤り。

④ 　**心臓から血液が送り出される血管が動脈**であり，左心室から血液が送り出される血管は大動脈，右心室から血液が送り出される血管は肺動脈なので，誤り。

⑤ 　リンパ液は体の末端側から心臓の方へ向かって流れている。誤り。

⑥ 　**静脈には血液の逆流を防ぐための弁があるので，**正しい。

72　酸素解離曲線(1)
⑦

解説 ▶ **二酸化炭素濃度が高い条件になると，ヘモグロビンの酸素と結合する力が低下する。**よって，Ⅱのグラフが二酸化炭素濃度の高い条件のグラフであり，ⓒが正

しい記述である。

動脈血の条件は，酸素濃度が高く，二酸化炭素濃度が低いことから，動脈血の酸素ヘモグロビンの割合は点 a で示される。一方，静脈血の条件は，酸素濃度が低く，二酸化炭素濃度が高いことから，静脈血の酸素ヘモグロビンの割合は点 d で示される。よって，組織で解離した酸素の量は ad 間の酸素ヘモグロビン量の差に相当する。

73 酸素解離曲線(2)
④

解説▶ 酸素解離曲線より，動脈血における酸素ヘモグロビンの割合は約95%である。一方，静脈血における酸素ヘモグロビンの割合は約20%である。

動脈血中で**酸素と結合していないヘモグロビンも含めた全ヘモグロビンのうちで酸素を解離したヘモグロビンの割合**は，$\dfrac{95-20}{100} \times 100 = 75\%$ である。

しかし，本問は**酸素ヘモグロビンのうちで酸素を解離したヘモグロビンの割合**を要求されているので，**動脈血において酸素と結合していないヘモグロビンは計算に含まれず**，$\dfrac{95-20}{95} \times 100 ≒ 79\%$ であり，最も適当なものは④である。

74 肝臓の位置
⑤

解説▶ **肝臓は右半身にあり，最大の臓器である。**この2つの知識を組み合わせると，オが肝臓だろうと予想することができる。

下図より，アが**脾臓**，イが**膵臓**，ウが**胃**，エが**胆のう**，カが**腎臓**である。

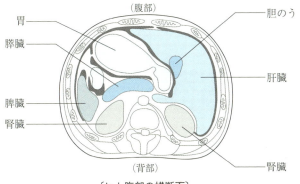

〔ヒト腹部の横断面〕

75 肝臓の構造(1)

① , ③

解説 ▶ 肝小葉の構造は右図の通りであるが，この図について詳細に丸暗記していないと解けない設問ではない。

設問文の「管Bには酸素を多く含む血液が流れている」という記述より，管Bが肝動脈であることが決まる。よって，管Bとつながる管Aと管Dも血管，これらとつながっていない管Cが胆汁の通る胆管と考えられる。

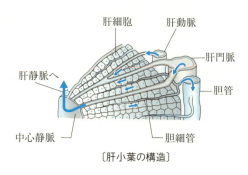

〔肝小葉の構造〕

肝小葉において，血液は中心にある中心静脈に向かって流れることから，管Bが中心静脈，残る管Aが肝門脈となる。なお，肝臓に流入する血液量は肝門脈の方が肝動脈よりも遥かに多いため，管Aの方が管Bよりも太くなっている。

② 管Bは肝動脈なので，「管Bの方向に血液が流れる」ことはなく，誤り。

④ 管Cは胆管で，ここから胆汁を排出するので「管Cから流れてきた液体」はなく，誤り。

76 肝臓の構造(2)

①

解説 ▶ 肝臓には，小腸などの消化管と脾臓からの静脈血が肝門脈を通って流れ込む。消化管からは吸収された栄養素が，脾臓からは古くなって破壊された赤血球の成分が送られてくる。肝小葉に入った血液は，中心静脈に集まり，さらに肝静脈を通って肝臓から出ていく。

77 肝臓のはたらき(1)

ア - ② 　 イ - ⑥

解説 ▶ 肝臓には次のようなさまざまなはたらきがある。

血糖濃度の調節：グリコーゲンの合成，貯蔵，分解により血糖濃度を調節する。
血しょう中のタンパク質の合成：アルブミンなどの血しょうタンパク質を合成する。
尿素の合成：有毒なアンモニアを毒性の低い尿素に変える。

胆汁の生成：ヘモグロビンの分解で生じた<u>ビリルビン</u>などを含む胆汁を生成する。

熱の生産：ホルモンのはたらきなどにより，活発に代謝をすることで熱を生産し，体温を維持する。

　胆汁は肝臓で生成された後，いったん<u>胆のう</u>に蓄えられ，食物が<u>十二指腸</u>に到達すると放出され，**脂肪の消化を助けるはたらき**がある。なお，**胆汁には消化酵素は含まれておらず，脂肪の消化そのものを行うはたらきはない**点に注意が必要。

78　肝臓のはたらき(2)
　④

|解　説| ▶　④以外のはたらきは，　77 　の解説にある通り，肝臓の重要なはたらきである。なお，血中の主要な無機塩類(← ナトリウムイオン)の濃度を調節する臓器は<u>腎臓</u>である。

79　肝臓のはたらき(3)
　④

|解　説| ▶　単語の組合せはどの選択肢も正しそうにみえるが，単語の組合せで安易に正誤を判定せず，文章の内容を丁寧に吟味する必要がある。

① 肝臓は，肝門脈などから流れ込んだグルコースからグリコーゲンを合成し，**グリコーゲンを貯蔵**するので，誤り。

② 肝臓は，アルブミンなどの血しょうタンパク質を合成するが，**インスリンは膵臓**の<u>ランゲルハンス島 B 細胞</u>**がつくるホルモン**なので，誤り。

③ 肝臓は，有害なアンモニアを毒性の低い尿素に変えるので，誤り。

④ 赤血球は肝臓や脾臓で破壊される。そして，ヘモグロビンを分解して生じる**ビリルビンなど**は胆汁中に排出されるので，正しい。

⑤ 肝臓から十二指腸へは胆汁が送られるが，胆汁には消化酵素は含まれていない。誤り。

80　腎臓の構造
　③

|解　説| ▶　腎臓は外側から<u>皮質</u>，<u>髄質</u>，<u>腎う</u>からなり，<u>腎動脈</u>，<u>腎静脈</u>，<u>輸尿管</u>が接続している。

　皮質と髄質にある<u>腎単位(ネフロン)</u>で生成された尿は，いったん腎うに溜められ，

輸尿管によってぼうこうへと送られる。
　本問の選択肢について，細尿管(腎細管)と集合管は腎臓内部に存在する尿をつくる管であり，管cは輸尿管であることが決定できる。
　管aと管bについては，設問文中に「血液が付着していた」とあり，血管であることが示されており，さらに「管aと管bの切断面の壁の厚さを観察したところ，管aは管bより厚かった」という記述より，血管壁の厚い管aが動脈であることが決定できる。

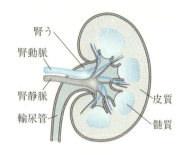

〔腎臓の構造〕

81 尿生成のしくみ(1)
②

解説▶ 尿生成は，主としてろ過と再吸収の2つのはたらきによって行われる。
①・③　ろ過は，糸球体を通る血しょうの一部が血圧によってボーマンのうへと押し出されることで行われる。よって，血しょうの全量がろ過されるわけではない。また，タンパク質はボーマンのうへとろ過されない。よって，これらの選択肢は誤りである。
②　本問は「健康なヒトの腎臓のはたらき」についての問題である。糖尿病でなく健康なヒトの場合は，ろ過されたグルコースの100%が再吸収されるため，正しい。
④　腎臓に尿素を合成するはたらきはないので，誤り。

82 尿生成のしくみ(2)
⑦

解説▶ 原尿にはグルコースやさまざまなイオンなどが含まれているが，血球やタンパク質はろ過されないため含まれない。この事実より，ⓐ・ⓑ・ⓕの記述が誤りであることが決まる。すると，残る選択肢は⑦と⑧であり，ⓓとⓔを吟味すればよい。
　グルコースは健康であればすべて再吸収されるため，尿中には排出されない。このことから，「再吸収されない」というⓔの記述は誤りとわかり，⑦が正解となる。

83 尿生成のしくみ(3)
④

解説 ▶ ろ過は**腎小体**を構成する**糸球体**からボーマンのうへ，再吸収は**細尿管**(腎細管)や**集合管**から**毛細血管**へ行われる。

84 腎臓のはたらきとホルモン(1)
⑤, ⑥

解説 ▶ 腎臓の皮質と髄質には**ネフロン**(**腎単位**)という構造が存在する。ネフロンは腎臓の機能上の単位で，1個の腎臓に約100万個存在する。ネフロンは**腎小体**(← 糸球体とボーマンのうを合わせた構造)と**細尿管**(腎細管)からなる。
① ネフロンは1個の腎臓に約100万個存在するので，誤り。
② 糸球体は腎小体の構成要素であり，誤り。
③ これは糸球体についての記述であり，誤り。
④ タンパク質はろ過されないので，誤り。
⑤〜⑦ グルコースは細尿管で再吸収される。一方，水も細尿管で多くが再吸収されるが，さらにバソプレシンの作用によって**集合管**での再吸収が促進される。よって，⑤と⑥が正しく，⑦は誤り。
⑧ **鉱質コルチコイド**は，細尿管からの Na^+ の再吸収などを促進するホルモンであり，水の再吸収を抑制するはたらきはなく，誤り。

85 腎臓のはたらきとホルモン(2)
①, ③

解説 ▶ Aは**脳下垂体後葉**であり，ここから分泌されるバソプレシンは，腎臓の集合管に作用して水の再吸収を促進する。よって，①が正しい。
また，Cは腎臓の上にある器官である**副腎**の皮質であり，ここから分泌される**鉱質コルチコイド**は，腎臓(の細尿管や集合管)に作用して，Na^+ の再吸収を促進する。よって，③が正しい。
なお，Bは**甲状腺**，Dは膵臓である。

38 第3章 生物の体内環境の維持

86 尿生成と血糖濃度
③

解説 ▶ 血糖濃度(← 血中のグルコース濃度)の正常値は，0.1%≒1mg/mL＝100mg/100mL である。

血糖濃度が正常な場合，グルコースは尿中に排出されないので，このとき c の値が0になっている①・③・⑤のいずれかが正解と考えられる。

また，ろ過量(a)，再吸収量(b)，排出量(c)の間には「c＝a−b」という関係が成立する。再吸収量には限界が存在し，これを上回る量のグルコースがろ過されると尿中に排出されることから，bのグラフが頭打ちになっている③・⑤のいずれかが正解となる。**血糖濃度が上昇すると，それに比例してろ過量が増加するが，再吸収速度には上限があることから，尿中への排出量は増加していく。**よって，cのグラフが頭打ちになる⑤は誤りであり，③が正解と決定できる。

87 尿生成の計算
②

解説 ▶ 原尿中の尿素濃度(← 血しょう中の尿素濃度と等しい)を a(g/L)とすると，

$$原尿中の尿素量＝ろ過された尿素量＝X \times a＝aX(g)$$

である。

また，尿素の濃縮率が Z なので，$Z＝\dfrac{尿中の尿素濃度}{原尿中の尿素濃度}$ より，

$$尿中の尿素濃度＝aZ(g/L)$$

である。よって，

$$尿中の尿素量＝Y \times aZ＝aYZ(g)$$

となる。よって，再吸収された尿素量は，

$$再吸収された尿素量＝原尿中の尿素量－尿中の尿素量＝aX－aYZ(g)$$

である。以上より，

$$尿素の再吸収率＝\frac{再吸収された尿素の質量}{ろ過された尿素の質量} \times 100$$

$$＝\frac{aX－aYZ}{aX} \times 100$$

$$＝\frac{X－YZ}{X} \times 100(\%)$$

となる。

88 魚類の体液濃度調節

⑤

解説 ▶ 海水産硬骨魚類(← タイ，サンマなど)は水が体外に奪われる傾向にあるので，**体液と等濃度の尿を少量排出**する。一方，淡水産硬骨魚類(← コイ，メダカなど)は水が体内に入る傾向があるので，**体液より低濃度の尿を多量に排出**する。

89 自律神経のはたらき(1)

③

解説 ▶ 交感神経は活発な状態や興奮状態のときにはたらき，副交感神経はリラックスしている状態のときにはたらく。交感神経と副交感神経の代表的な作用をまとめたものが右表である。

交感神経は胃腸の運動を抑制し，心臓の拍動を促進するので，③が正解となる。

交 感 神 経	対 象	副交感神経
拡 大	ひ と み	縮 小
促 進	心臓拍動	抑 制
上げる	血 圧	下げる
拡 張	気 管 支	収 縮
収 縮	立 毛 筋	―
抑 制	胃腸ぜん動	促 進
抑 制	排 尿	促 進

90 自律神経のはたらき(2)

⑤

解説 ▶ **89** の解説中の表より，④が誤りで⑤が正しいことがわかる。

① 神経分泌細胞はホルモンを分泌する神経細胞のことで，自律神経ではないため，誤り。

② **交感神経は脊髄から，副交感神経は**中脳，延髄，脊髄**から出ており，**小脳からでている自律神経は存在しないので，誤り。

③ 交感神経は副腎髄質からのアドレナリンの分泌や，ランゲルハンス島A細胞からのグルカゴンの分泌を促進する。また，副交感神経はランゲルハンス島B細胞からのインスリンの分泌を促進する。このように自律神経は内分泌腺に対して作用をすることがあるので，誤り。

第3章 生物の体内環境の維持

91 自律神経
④

解説 ▶ 90 の解説にある通り，交感神経は脊髄（B）から，副交感神経は中脳と延髄（A），脊髄の下側の領域（C）から出ている。

92 自律神経とホルモン(1)
①

解説 ▶ 興奮や緊張した状態では交感神経がはたらく。また，興奮や緊張した状態で強いストレスを受ける状況になると，糖質コルチコイドやチロキシンが分泌され，細胞でのエネルギー生産が促進されることが知られている。しかし，興奮や緊張に対する③や④についての記述が教科書にはないので，①の「グリコーゲンの合成」の部分が誤りであることがわかればよい。

93 自律神経とホルモン(2)
④

解説 ▶ ① インスリンの分泌は副交感神経により促進されるので，誤り。
② 糖質コルチコイドは，組織でのタンパク質からのグルコースの合成を促進するホルモンなので，誤り。
③ グルカゴンは，組織の細胞でのグリコーゲンの分解を促進するので，誤り。
④ 甲状腺からチロキシンが分泌され，これが間脳視床下部や脳下垂体前葉に作用すると，甲状腺刺激ホルモン放出ホルモンや甲状腺刺激ホルモンの分泌が抑制される（右図）。チロキシンの負のフィードバックについての正しい記述となる。
⑤ アドレナリンは，心臓の拍動を促進するので，誤り。
⑥ 副交感神経は，胃腸の運動を促進するので，誤り。

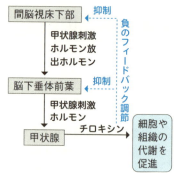

［チロキシン分泌の負のフィードバック調節］

94 チロキシン
④

解説▶ チロキシンは甲状腺から分泌され、肝臓などでの代謝を促進するホルモンである。また、脳下垂体前葉に作用して、甲状腺刺激ホルモンの分泌を抑制する（93 の解説の図参照）。

95 血糖濃度調節(1)
③

解説▶ 血糖濃度調節のしくみは下図の通りである。

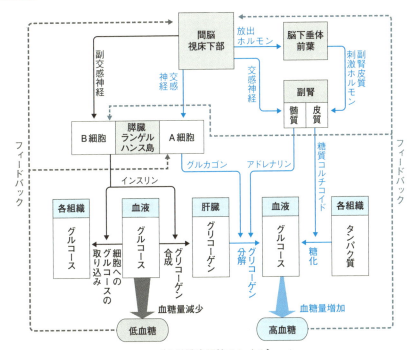

〔血糖濃度調節のしくみ〕

　上図より、交感神経によってグルカゴンとアドレナリンの分泌が促進され、脳下垂体前葉の副腎皮質刺激ホルモンによって、糖質コルチコイドの分泌が促進される。副腎皮質刺激ホルモンの分泌は、視床下部からの放出ホルモンによって促進される。

96 血糖濃度調節(2)
⑤

解説▶ ⓐ〜ⓒ 血糖濃度が低下すると，**交感神経**によってグルカゴンとアドレナリンの分泌が促進され，**肝臓におけるグリコーゲンの分解が促進され，肝臓からのグルコース放出が促進**される。よって，ⓐとⓒが誤り，ⓑが正しい。
ⓓ〜ⓕ 一般に，**糖尿病の患者は，血糖濃度を下げるしくみが正常にはたらかなくなっている**。ⓓは血糖濃度を下げるしくみが促進されており，誤り。ⓔは細胞が血液中のグルコースを取り込めず，血糖濃度を下げられなくなっており，正しい。ⓕの**セクレチン**は，十二指腸から分泌され，膵液の分泌の促進などのはたらきをもつホルモンであり，血糖濃度の調節とは関係ないため，誤り。

97 体温調節(1)
③

解説▶ 体温が低下した際や低温刺激を受容した際には，「**発熱量を増加させるしくみ**」と「**放熱量を減少させるしくみ**」により体温を上昇させる。
「発熱量を増加させるしくみ」の例として，肝臓や筋肉での代謝の促進，心臓の拍動促進などがある。これらの反応は糖質コルチコイド，アドレナリン，チロキシンといったホルモンや交感神経のはたらきによって引き起こされる。
「放熱量を減少させるしくみ」の例として，**皮膚血管**の収縮，**立毛筋**の収縮などがある。これらの反応は交感神経によって引き起こされる。また，**汗腺**に分布している**交感神経が興奮しなくなり，汗の分泌が抑制**される。皮膚血管，立毛筋，汗腺に対しては副交感神経が接続していない点に注意が必要。

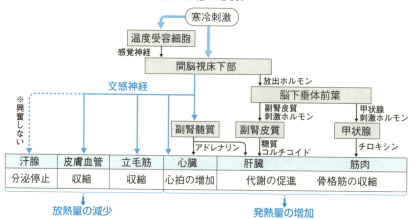

〔寒冷時の体温調節のしくみ〕

98　体温調節⑵
　　④

解説 ▶　①・②　体温が低下すると，副腎皮質から糖質コルチコイドが，副腎髄質からアドレナリンが分泌される。よって，①と②はともに誤り。なお，**アドレナリンには心臓の拍動を促進するはたらきがあるが，糖質コルチコイドにはこのはたらきはない。**
③　体温が低下すると，**脳下垂体前葉から甲状腺刺激ホルモンが分泌される。**誤り。
⑤　**立毛筋には副交感神経が接続していないので**，誤り。

99　体温調節⑶
　　①

解説 ▶　②・③　これらは交感神経のはたらきであり，不適。
④　発汗が促進されるのは体温が上昇したときであり，これは体温を低下させるためのしくみなので，不適。
⑤　インスリンの分泌は体温の上昇とは直接には関係なく，また，インスリンの分泌はチロキシンによって調節されていない。不適。
⑥　体温が低下したときには，アドレナリンの分泌が促進される。また，アドレナリンの分泌はチロキシンによって調節されておらず，不適。

100　ホルモンの作用⑴
　　②

解説 ▶　脳下垂体を除去すると，脳下垂体から分泌されるホルモンが不足し，その影響が現れる。
①　アドレナリンの分泌が低下すると心拍数は低下するので，誤り。
②　甲状腺刺激ホルモンの分泌が減少することで，チロキシンの分泌が低下する。その結果として，肝臓などでの代謝が促進されなくなり，酸素消費量が減少すると考えられるので，正しい。
③　インスリンに血圧を上昇させるはたらきはないので，誤り。
④　バソプレシンの分泌が減少することで，尿量が増加したり，血圧が低下したりすることが予想されるが，バソプレシンに血糖濃度を低下させるはたらきはないので，誤り。

第3章　生物の体内環境の維持

101 ホルモンの作用(2)
①, ⑥

解説▶ ① ホルモンは血しょうによって運ばれるので，誤り。
② 血糖濃度調節や体温調節のように，複数のホルモンが共同することで，さまざまな生理機能を制御できており，正しい。
③ **ホルモンは血液によって全身に運ばれるが，受容体をもつ標的細胞に対してのみ特異的に作用する**ので，正しい。
④ **例えば，アドレナリン，インスリンのようなホルモンが該当し，正しい。**
⑤ **血糖濃度の調節中枢は間脳視床下部にあり，**ここが血糖濃度の変化を感知すると，自律神経によってランゲルハンス島や副腎髄質に直接刺激を与えることができるので，正しい。
⑥ ホルモンは体内で合成しているので，誤り。なお，**インスリンのようなタンパク質でできているホルモンは食物として摂取されても，消化酵素で分解されてから取り込まれるので，作用できない**（ 15 の解説を参照）。
⑦ 例えば，ランゲルハンス島からインスリンとグルカゴンが，脳下垂体前葉からさまざまな刺激ホルモンが分泌されていることから，正しい。

102 物理的・化学的防御(1)
③

解説▶ 皮膚の表面には死細胞が積み重なった角質層があり，ウイルスなどの病原体の増殖や侵入を防いでいる（下図）。また，汗や皮脂によって，**皮膚の表面は弱酸性に保たれ細菌などの増殖を防いでいる**とともに，これらに含まれるリゾチーム（← 細菌の細胞壁を破壊する酵素）やディフェンシン（← 細菌の細胞膜を破壊するタンパク質）によって細菌の増殖を抑制している。なお，ヒトの皮膚は粘膜で覆われていない。

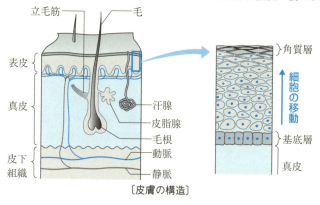

〔皮膚の構造〕

45

103 物理的・化学的防御(2)
　③

解説▶ どの選択肢も生体防御についての正しい記述だが，本問は「異物が体内へ侵入するのを防ぐしくみの例」を選ばなくてはならない。③は，**予防接種**についての正しい記述ではあるが，予防接種は体内に侵入した異物を**二次応答**によって速やかに排除するための医療行為であり，侵入そのものを防ぐものではない。

104 自然免疫
　③

解説▶ 病原体が物理的・化学的防御を突破して体内に侵入すると，**マクロファージ**などの**食細胞**がこれを取り込んで分解するとともに活性化する。活性化したマクロファージは周囲の毛細血管に作用し，**血管壁の細胞どうしの結合を緩める**ことで，血流量を増やし，**NK 細胞**や**好中球**といった多くの白血球が感染部位に集まりやすくする。集まってきた NK 細胞は病原体に感染した細胞を攻撃して破壊する。このような反応によって，感染部位は熱や痛みをもって赤く腫れた状態となる。この反応を**炎症**という。

105 適応免疫(1)
　③

解説▶ ① 抗体は，B 細胞から分化した**形質細胞(抗体産生細胞)**が産生するため，誤り。
② 花粉などの病原体でないものに対しても抗体は産生されるため，誤り。
③ 細胞性免疫についての正しい記述。
④ 細菌やウイルスを取り込んで排除する細胞は白血球であり，誤り。
⑤ **アレルギー**や**自己免疫疾患**のように，免疫が生体に不都合な影響を与える場合があるため，誤り。

106 適応免疫(2)
　③，⑤

解説▶ ① **リゾチーム**による細菌の細胞壁の分解は，化学的防御の１つであり，適応免疫ではないため，誤り。

第3章 生物の体内環境の維持

46　第 3 章　生物の体内環境の維持

②・④　体液性免疫は，形質細胞(抗体産生細胞)が抗体を産生して異物を排除する適応免疫であり，ともに誤り。

③・⑤　細胞性免疫ではたらくキラー T 細胞は移植された臓器，がん細胞，感染細胞などに作用して，これを排除することができるので，ともに正しい。

107　適応免疫(3)
⑥

解 説 ▶　リンパ球の一種である B 細胞は，形質細胞(抗体産生細胞)に分化すると抗体を体液中に放出する。**抗体は免疫グロブリンというタンパク質であり，抗原と特異的に結合し，抗体が結合した抗原はマクロファージなどによって速やかに排除される。**抗体を産生して抗原を排除する免疫は適応免疫の一種であり，免疫記憶が成立するため，同じ抗原が再び侵入した場合，早く大量の抗体を産生できる。

なお，アレルギーは特定の抗原(アレルゲン)に対して過剰な免疫応答が起きることであり，⑥の記述は誤りである。

108　適応免疫(4)
⑤

解 説 ▶　適応免疫(獲得免疫)では，T 細胞と B 細胞というリンパ球が中心となってはたらく。T 細胞と B 細胞について，個々のリンパ球は 1 種類の抗原しか認識できないが，体内に非常に多くの種類のリンパ球があるため，さまざまな異物の侵入に対応することができる。

①　抗体は B 細胞から分化した形質細胞(抗体産生細胞)が産生するので，誤り。

②　抗原提示を受けて活性化したヘルパー T 細胞は，同じ抗原を認識した B 細胞を活性化させ，形質細胞への分化を促進するので，誤り。

③　抗体を用いて抗原を排除するしくみは体液性免疫なので，誤り。

④　一般に，他の動物のタンパク質は抗原として認識される。よって，ウマにヒトのタンパク質を投与すると，抗原として認識され，抗体が産生されるので，誤り。

⑤　**抗体は，抗原に結合して抗原の毒性を弱める**などのはたらきをするとともに，マクロファージなどの食細胞による食作用や，NK 細胞による抗原の排除を促進するので，正しい。

109 適応免疫(5)
②

解説 ▶ 樹状細胞やマクロファージは食作用によって分解した異物の一部を抗原として細胞表面に提示し，これをＴ細胞が認識することでＴ細胞が活性化する。また，ヘルパーＴ細胞は，自身が認識した抗原と同じ抗原を認識したＢ細胞を活性化し，形質細胞(抗体産生細胞)への分化を促進する。

なお，ワクチンは無毒化，弱毒化した抗原のことで，感染症予防の目的などでワクチンを接種することを予防接種という。

110 適応免疫(6)
⑤

解説 ▶ ⓐ Ｔ細胞は食作用を行わないので，誤り。
ⓑ ヘルパーＴ細胞はＢ細胞の活性化だけでなく，キラーＴ細胞の活性化にも関わるため，抗体を産生して異物を排除する体液性免疫と，キラーＴ細胞により感染細胞などを排除する細胞性免疫の両方に関わるので，正しい。
ⓒ Ｂ細胞は骨髄で造血幹細胞からつくられ，骨髄で分化，成熟する。一方，Ｔ細胞は骨髄で造血幹細胞からつくられた後，胸腺に移動し，そこで分化，成熟するので，誤り。
ⓓ キラーＴ細胞は胸腺で成熟し，ウイルスなどに感染した細胞を攻撃する細胞性免疫を行うので，正しい。

111 適応免疫(7)
④

解説 ▶ 細胞 z は，形質細胞に分化して抗体を産生している。よって，細胞 z がＢ細胞である。そして，Ｂ細胞を活性化する細胞 y はヘルパーＴ細胞で，ヘルパーＴ細胞に抗原の情報を与える細胞 x が樹状細胞と考えることができる。これに基づいて各文章を吟味する。
ⓐ 樹状細胞はリンパ球ではないので，誤り。
ⓑ フィブリンは血小板などのはたらきによって血しょう中でつくられるタンパク質であり，樹状細胞から分泌されるものではないので，誤り。
ⓒ ヘルパーＴ細胞はＢ細胞の活性化だけでなく，キラーＴ細胞の活性化にも関わる。よって，体液性免疫と細胞性免疫の両方に関わるため，誤り。
ⓓ Ｂ細胞は抗体(免疫グロブリンというタンパク質)を産生する。正しい。

48　第3章　生物の体内環境の維持

112　適応免疫(8)
③

解説▶ 適応免疫では免疫記憶が成立するので，同じ抗原が2回目に侵入した際には，1回目よりも早く大量の抗体を産生することができる。よって，2回目の感染(選択肢の図の矢印のタイミング)の後に，1回目よりも早く大量の抗体を産生しているグラフを探せばよい。

113　免疫と病気
④

解説▶ ①～③　アレルギーはスギ花粉や食品といった異物に対する免疫反応が過敏となりからだに不利益をもたらす現象である。アレルギーは鼻炎などの症状だけでなく，血圧低下など生命に関わる重症な症状を引き起こす場合があり，このような重症な症状はアナフィラキシーショックという。以上より，①～③はすべて正しい。

④　エイズは HIV(ヒト免疫不全ウイルス)がヘルパーT細胞に感染し，ヘルパーT細胞が死滅することで適応免疫のはたらきが低下する病気であるので，誤り。

⑤　自己成分に対する免疫寛容のしくみに異常が生じ，自己成分に対して免疫応答が起きてしまい，組織の障害や機能異常がみられる病気を自己免疫疾患(自己免疫病)という。1型糖尿病や関節リウマチが自己免疫疾患の代表例であり，正しい。

114　免疫と医療
①

解説▶ ①・②　無毒化・弱毒化した抗原をワクチンといい，これを接種することで感染症などを予防する医療行為が予防接種である。予防接種は予防を目的とした医療行為であり，治療が目的ではないので，①は正しいが，②は誤り。

③・④　毒ヘビに咬まれた場合などに，他の動物につくらせた抗体を含む血清を投与することで，体内の毒素のはたらきを阻害する治療法が血清療法である。投与するものは血ぺいではなく血清であり，③は誤り。また，血清療法では投与した抗体がなくなるとその効果も消失するので，長期にわたり病気を予防する目的としては行われないため，④も誤り。

115

問1 ④　問2 ②, ⑤　問3 ①　問4 筋肉-④　肺胞-①

解説▶ 問1 ① 運動時には心臓の拍動が促進され，筋肉への血液流入量が<u>増加</u>する。
② <u>交感神経</u>が興奮すると，心拍数が<u>増加</u>する。
③ <u>肺動脈</u>を流れる血液は<u>静脈血</u>，<u>肺静脈</u>を流れる血液は<u>動脈血</u>である。
⑤ 小腸などを通過した血液は，<u>肝門脈</u>を通って肝臓に流入する。
⑥ リンパ液が<u>鎖骨下静脈</u>へと流入する。

問2 ③ 成人の場合，体重の約60％が水である。しかし，その中には細胞内に含まれる水なども多く含まれており，体液が占める割合は体重の約25％である。
⑤ 採血した**血液**から，**血液凝固**により生じた<u>血ぺい</u>を除いた上澄みは<u>血清</u>である。

問3 右図は，<u>左心室</u>と<u>右心室</u>の間の壁に孔が開いた心臓の模式図である。<u>左心室と右心室では，全身に血液を送り出す左心室の方が筋肉の壁が厚く，圧力も高い。</u>
そのため，心室の壁に孔が開いていると左心室から右心室に向かって血液が流れてしまい，その血液が再び肺動脈へと送り出されることになる。よって，①の記述が正しい。

問4 活発に収縮している筋肉：二酸化炭素濃度が高くなるので，ヘモグロビンと酸素の結合力は**低下**する。よって④のグラフが正しい。

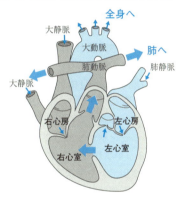

〔孔の開いた心臓の模式図〕

肺胞：静止している筋肉よりも**二酸化炭素濃度が低い**ので，ヘモグロビンと酸素の結合力は**上昇**する。よって①のグラフが正しい。

116

③

解説▶ 健康なヒトの場合，原尿中にタンパク質は含まれないので，□ア□の値は0である。また，グルコースは<u>糸球体</u>から<u>ボーマンのう</u>へとろ過されるため，□イ□の値は0ではない。ここまでで，選択肢は③と④に絞られる。

濃縮率＝$\dfrac{尿中濃度}{血しょう中濃度}$　だが，本問では尿中の各物質の濃度が与えられていない。

しかし，□ウ□には60か900のいずれかが入ることから，尿素の濃縮率がクレアチニンより大きいか小さいかの評価をすればよいことがわかる。

50　第 3 章　生物の体内環境の維持

尿素の再吸収率は $\dfrac{51-27}{51} \times 100 \doteqdot 47\%$，クレアチニンの再吸収率は

$\dfrac{1.7-1.5}{1.7} \times 100 \doteqdot 12\%$ であり，再吸収率の低いクレアチニンの方が不要な物質で，尿中に積極的に排出されており，**濃縮率も高くなる**ことがわかる。よって，尿素の濃縮率はクレアチニンより小さくなることがわかるので，正解が③と決まる。

本問では，実際に尿素の濃縮率を計算によって求める必要はない。

117

　　　　問 1　③　　　問 2　①　　　問 3　③　　　問 4　⑤, ⑧

解説 ▶　問 1　対照実験は，目的とする推論以外の可能性を排除するために行う実験である。**対照実験では，本実験から原因となる物質や操作などを除き，それ以外の条件は本実験と可能な限り揃えて行う**ことが好ましい。

　本問において，リード文で行った実験だけでは，「溶媒が代謝に影響した可能性」や「注射の操作自体が代謝に影響した可能性」などが残ってしまっている。そこで，**原因となる「チロキシンの投与」という操作のみを除いた対照実験を行う必要がある**。よって，チロキシンを溶かした溶媒のみを注射した群を観察し，代謝が高まらないことを示せばよいことがわかる。

問 2，3　甲状腺を除去するとチロキシンが不足し，その結果，甲状腺刺激ホルモン放出ホルモンや甲状腺刺激ホルモンが増加する。これは，チロキシンが間脳視床下部や脳下垂体前葉に対して，ホルモン分泌を抑制するように負のフィードバック作用を及ぼす効果がなくなったことが原因である。

問 4　「他のホルモンの作用を介さず」とあるので，①や⑦は不適である。

118

　　　　問 1　④　　　問 2　③　　　問 3　③, ⑥

解説 ▶　問 1　A〜Cの結果を連続した明期の長さに注目して分析すると，**明期の長さが長くなると生殖腺が大きく発達する**ことが読み取れる。また，明期の長さが連続12時間では生殖腺が発達しないが，連続15時間だと発達していることから，生殖腺の発達に必要な最小限の連続した明期の長さは12時間より長く，15時間以下であることがわかる。

問 2　A〜Fの結果を連続した暗期の長さに注目して分析すると，連続12時間以上の暗期の長さを経験している場合は生殖腺が発達せず，連続 9 時間以下の暗期のみを経験している場合には生殖腺が発達している。よって，生殖腺の発達を抑制するた

めに必要な最小限の連続した暗期の長さは9時間より長く，12時間以下であることがわかる。

問3　選択肢の内容を参考に考察していく必要のある設問である。

① 1日当たりの暗期の長さの最も短いAと，最も長いIのウズラで生殖腺が発達しており，暗期の長さのみによっては決定していないことがわかるため，誤り。

② D～Fは1日当たりの明期の長さはどれも同じだが，生殖腺の発達の有無が異なっており，明期の長さのみによっては決定していないことがわかるため，誤り。

④ 明暗の周期が変わることで，生殖腺の発達の有無が変化しているので，誤り。

⑤ AやEの24時間周期の条件でも生殖腺が発達しており，誤り。

⑥～⑧ 実験開始からの時間経過に注目し，「このタイミングに光の刺激を受容していれば生殖腺が発達する」というタイミングを図示していくと，下図のようになる。この図より，光の刺激を受けて生殖腺を発達させられる時期（タイミング）が24時間周期に存在すると考えると，すべての実験の結果を合理的に説明することができる。よって⑥が適当。なお，これは③の内容とも矛盾しない。

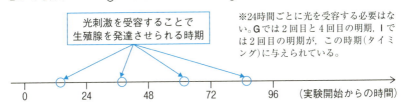

119

問1 ①, ⑥　問2 ②, ⑥　問3 ④

解説　問1　①～③　実験1より，脳下垂体を除去すると精巣重量が減少しており，①が正しいことがわかる。また，対照群に対しても麻酔をしているので，精巣重量の減少の原因が麻酔の効果でないことがわかっており，③は誤り。

④～⑥　日齢が約50日と約130日のタイミングでの脳下垂体除去による精巣重量の変化量（減少量）は右図の矢印の長さに相当する。右図より，精巣重量の変化量は，日齢が高く精巣が発達しているほど大きくなることがわかる。よって，⑥が正しい。

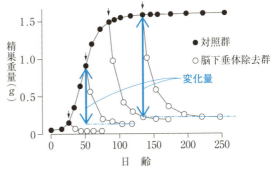

52　第3章　生物の体内環境の維持

問2，3　脳下垂体後葉から分泌されるバソプレシンは腎臓の集合管に作用して，原尿からの水の再吸収を促進する。よって問3の答えは④。

　水の再吸収が促進されると，体液の塩類濃度が低下するため，バソプレシンには飲水量を減少させる効果がある。実際に図2において，後葉除去群で飲水量が一時的に増加している。しかし，手術から2週間が経過して脳下垂体後葉が再生されると飲水量が元のレベルに近づいており，再生した脳下垂体後葉からバソプレシンが分泌されるようになっていると考えられる。以上より，問2は⑥が正しい。また，図2より，後葉除去群において飲水量と尿量は同様の変化をしているので，②も正しい。

120
問1　①，⑥　　問2　④

解説▶　問1　①〜③　Ⅲ群において尾部片が退縮したことから，甲状腺ホルモンのみで変態を誘起できることがわかる。一方，Ⅳ群では尾部片が退縮せず，糖質コルチコイドのみでは変態を誘起しないこともわかる。以上より，①が正しい。

④・⑤　これらの選択肢が正しいとすると，変態を誘起するためには糖質コルチコイドが必須であることになる。しかし，実際にはⅢ群において甲状腺ホルモンのみで変態が誘起されており，ともに誤り。

⑥・⑦　Ⅱ群では尾部片が退縮していないが，糖質コルチコイド濃度が高まったV群では尾部片が退縮していることから，糖質コルチコイドの存在によって甲状腺ホルモンによる変態の誘起が促進されていると考えられる。よって，⑥が正しく，⑦が誤り。

問2　実験結果より，甲状腺ホルモンがない場合には変態ができなくなるため，甲状腺を除去した場合だけでなく，脳下垂体を除去して甲状腺刺激ホルモンが分泌できなくなった場合にも変態できなくなる。

　また，糖質コルチコイドにも変態を促進する効果があるが，Ⅲ群の結果からチロキシンのみでも変態することが可能なので，副腎を除去しても変態することは可能であると考えられる。

121
問1　⑤　　問2　⑤　　問3　④

解説▶　問1　インスリンは膵臓のランゲルハンス島B細胞から分泌され，血糖濃度を低下させるホルモンである。

問2　血しょう中に溶けているタンパク質としては，アルブミン，抗体，インスリン

などの一部のホルモンなどが代表例である。つまり，**インスリンはタンパク質**なので，口から飲むと消化酵素によって分解されてから吸収されることになる。よって，**インスリンを口から飲んでもインスリンのまま血液に入ることはなく，血糖濃度を下げることができない。**

　このように，食物として摂取したタンパク質は，アミノ酸として取り込まれ，自身の遺伝情報に従ってタンパク質をつくる際の材料などとして用いられる。

問3　非常に間違いやすい設問であり，グラフの軸の意味をしっかりと分析しないと，うっかり①を選んでしまうことになる。**このグラフの縦軸は「ハブ毒素に対してこの患者が産生する抗体の量」である。**

　この患者は，ハブに咬まれた際にハブ毒素に対する抗体を含む血清を注射され，注射された抗体によって速やかにハブ毒を排除している。よって，**患者自身がほとんど抗体を産生することなく，ハブ毒を排除している**ことになる。

　そこから40日後に，「ハブ毒素に対する血清」を再び注射している（ハブ毒素ではないことに注意）。この段階でハブ毒素は体内には存在せず，患者自身がハブ毒素に対する抗体を産生することはない。以上より，今回の観察期間において患者自身はほとんど抗体を産生していないことになるため，④が正しい。

122
　問1　②　　問2　①　　問3　②

解説 ▶　**問1**　ⓑは自然免疫についての記述，ⓓは生体防御とは関係ない記述である。

問2　①　がん細胞に対してはNK細胞による自然免疫や，キラーT細胞による細胞性免疫などによって攻撃をするので，正しい。

②　ヘビの毒素に対する血清療法は，血清に含まれる抗体によって毒素を無毒化するものであり，体液性免疫を利用しているため，誤り。

③　エイズを引き起こすものはHIVであり，細胞性免疫のはたらきではなく，誤り。

④　花粉症が起こる詳しいしくみは発展内容であり，④の選択肢の評価ができなくても構わないが，スギなどの花粉に対してアレルギーに関係する抗体がつくられることが原因であり，体液性免疫によるため，誤りである。

問3　リード文の「自分とは異なるMHC分子をもつ … 移植された皮膚は脱落する」の内容を踏まえて考察する問題である。

マウスXとYはT細胞をもたないため，拒絶反応を起こすことができない。よって，①と③は誤り。

さらに，自分自身の皮膚を移植した場合には，移植片のもつMHC分子はもちろん自分と同じであり，拒絶反応が起きないので，④も誤り。異なるマウスからの皮膚をT細胞が存在するマウスZに移植した②の場合にのみ拒絶反応が起こる。

54 第3章 生物の体内環境の維持

123
問1 ⑤　　問2 ④　　問3 ④

解説 ▶ 実験2で抗体が産生されなかった原因は，X線を照射したことにある。しかし，実験3で，マウスbに脾臓に含まれた細胞を移植することで抗体を産生できるようになっているので，X線を照射されたことで，抗体の産生に関わる細胞が排除されてしまったと予想することができる。

問1 抗体を産生する適応免疫は体液性免疫であり，これにはリンパ球が関わる。このことは，マウスbにリンパ球を移植することで抗体を産生する能力が回復することによって示すことができる。

問2 マウスaに対して同じ抗原Zをもう一度注射しているので，二次応答が起こる。よって，抗原Zに対する抗体が一度目よりも早く大量に産生される。

問3 抗原となる病原体が直ちに病気を引き起こさない場合であっても，リンパ球などが異物であることを認識すると抗体が産生されるので，④が誤り。

第4章 植生の多様性と分布

124 森林の構造
③

解説▶ 森林の垂直方向の構造は階層構造という。発達した日本の照葉樹林の場合，下図のように高木層，亜高木層，低木層，草本層という層状の構造が存在する。高い位置の葉によって光が吸収されるため，林床付近の照度は林冠の照度の数％程度にまで低下する。よって，林床付近には陰生植物が生育している。

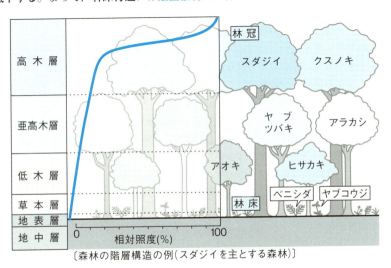

〔森林の階層構造の例（スダジイを主とする森林）〕

125 見かけの光合成速度
⑥

解説▶ 植物の二酸化炭素吸収速度は，光合成速度と呼吸速度の差し引きに相当し，見かけの光合成速度という。見かけの光合成速度が0になる光の強さを光補償点といい，陽生植物は陰生植物よりも光補償点が高い。よって，光補償点の高いXが陽樹の幼木，Yは陰樹の幼木と考えられる。また，光の強さが0の条件では呼吸のみを行っており，このときの二酸化炭素放出速度が呼吸速度である。よって，陽樹の呼吸速度の方が陰樹の呼吸速度よりも大きいことがわかる。森林内は照度が低く，光補償点の低いYの陰樹の方が生育に適している。よって，森林の遷移が進行するに従いXの陽樹が減少していき，最終的には陰樹が優占する陰樹林になる。

56 第4章 植生の多様性と分布

---

126 低木層の植物
　　②

解説 ▶ 　低木層の葉は弱光条件にあることから，陰生植物と同じく，光補償点が低く，呼吸速度が小さいという特性をもっている。

---

127 生活形
　　②

解説 ▶ 　各選択肢の内容が，「休眠芽の位置が，冬季における生存に寄与している例」になっているかどうかを吟味する。

① 　休眠芽の位置が高いことで，春先の光合成速度が大きくなることが書かれており，冬季の生存についての記述ではないため，不適。

② 　ハイマツの休眠芽が積雪に埋もれるような低い位置にあることで，冬季の生存率が高くなり，春に芽吹く割合が高まっていることが書かれている。よって，この記述は休眠芽の位置が冬季の生存に寄与している例といえるため，適当。

③ 　芽における生理的反応が冬季の生存に寄与している例についての記述であり，休眠芽の位置についての記述ではないため，不適。

④ 　芽鱗という器官の存在が冬季の生存に寄与している例についての記述であり，これも休眠芽の位置についての記述ではないため，不適。

⑤ 　桜の枝を暖かい部屋に置いたことで早く開花したという内容の記述であり，休眠芽の位置や冬季の生存とは関係ない記述であるため，不適。

---

128 土壌
　　⑤

解説 ▶ 　森林の土壌は，地表の側から順に「落葉・落枝の層 ⟶ 腐植層 ⟶ 岩石が風化した層 ⟶ 岩石」という層状の構造をとる。**落葉・落枝の分解が進んだものが腐植である。**

---

129 一次遷移と二次遷移
　　⑦

解説 ▶ 　溶岩台地のように土壌がない場所から始まる遷移を一次遷移，森林伐採跡地や耕作放棄地のような土壌のある場所から始まる遷移を二次遷移という。二次遷移

は，土壌が存在しているため植物が進入しやすい。また，土壌中に種子や根などが残っている場合も多く，一次遷移よりも遷移が速く進む。

130 植生の遷移(1)
②

解説 ▶ 乾性遷移において，土壌が形成され始めると，乾燥に強く成長が速い草本がいち早く進入して優占し，草原となる。さらに土壌が形成されると木本も生育できるようになり，陽樹林へと遷移が進む。森林の林床は照度が低く，陽樹の幼木が生育できず，生育している陽樹はしだいに陰樹に置き換わっていき，最終的には陰樹林になる。

131 植生の遷移(2)
③

解説 ▶ 一般に，幹の直径が太い樹木ほど樹高も高いと考えられる。よって，aは樹高の低いものばかりであり，cは樹高の高いものばかりである。よって，本問の森林のようすは下図のようになっていると考えられる。

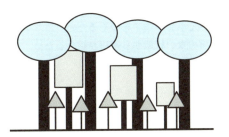
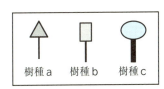

①・② cはaやbよりも高い位置に葉を茂らせており，aやbは強い光を受けることができない場所で生育している。よって，aとbは陰樹と考えられる。一方，cの低木が生育していないことから，幼木が照度の低い環境で生育できておらず，cは陽樹であると考えられる。以上より，①と②はどちらも誤りである。

③・④ aは陰樹なので，この森林に存在しなくなるとは考えにくく，最終的にaが優占する森林となる可能性がある。以上より，③が適当な記述，④が誤りとなる。

58　第4章　植生の多様性と分布

132　植生の遷移(3)
④

解説 ▶　下線部の「木本が優占する前の段階」は草原の状態を指している。よって，草原についての記述として適当なものを選択する。
① 草原の段階では，ある程度土壌が形成されているので，誤り。
②・⑤ 遷移において，草原の段階を飛ばして荒原から森林に変化することはないため，ともに誤り。
③ 木本の方が草本より進入するタイミングが遅い理由は，草本よりも多くの土壌を必要とすることなどであり，誤り。
④ **一次遷移は土壌のない場所から遷移が始まるため，土壌が形成されて草原が成立するまでに長い時間を要するので，正しい。**

133　湿性遷移と乾性遷移
①

解説 ▶　湿性遷移において，湖沼が陸地化する過程では，クロモなどの沈水植物が繁茂するようになる。その後，土砂の流入などによって水深が浅くなると，湖沼は湿原に変化する。さらに，植物の遺骸や土砂の堆積によって湿原は草原に変化していく。よって①は正しい。
② 一般に遷移の**先駆植物は極相種と比べて小さい種子**をつくるため，誤り。
③・④ **湿性遷移と乾性遷移はともに土壌のない状態から遷移が始まるため，一次遷移**であり，どちらも誤りである。

134　ギャップの更新
②

解説 ▶　森林の高木層を構成する樹木が枯れたり倒れたりして，林冠に生じた隙間をギャップという。
① ギャップが生じる前の段階で低木層に陽樹の幼木は生育していないため，誤り。
② ギャップが生じ，低木層にまで強い光が届くようになると，低木層に生育している陰樹の幼木が強い光を受けて急速に成長してこのギャップを埋めることになるため，正しい。
③・④ 低木層の陰樹が強い光によって枯れることはなく，ギャップが生じたことをきっかけに低木層の陰樹が種子をつけることもないため，ともに誤り。

なお，大きなギャップが生じて地面付近にまで強い光が届くようになると，土壌中の陽樹の種子が発芽し，これが強い光を受けて急速に成長してギャップを埋める場合がある。よって，極相に達した森林であっても陽樹が散在している状態となっていることが多い。

135 世界のバイオーム(1)
⑥

解説 ▶ バイオームの種類と分布は年平均気温と年降水量に対応する。下図のように，気温が非常に低い地域ではツンドラが成立する。

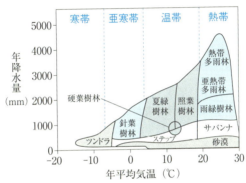

〔バイオームと年降水量・年平均気温〕

136 世界のバイオーム(2)
③

解説 ▶ 硬葉樹林は，温帯の中でも地中海沿岸のように夏に乾燥し，冬に雨の多い地域に成立する。オリーブやコルクガシのように，クチクラの発達した厚くて硬い葉をつける常緑樹が代表種である。

137 世界のバイオーム(3)
④

解説 ▶ 135 の解説の図より，④がステップについての正しい記述である。

60　第4章　植生の多様性と分布

138　世界のバイオーム(4)
　　　問1　③　　　問2　⑤

> **解説 ▶** 問1　雨緑樹林は，主に雨季に葉をつけ，乾季に葉を落とす落葉広葉樹で構成されている。チークは雨緑樹林の代表種である。なお，フタバガキは熱帯多雨林の，アコウは亜熱帯多雨林の代表種である。

問2　雨緑樹林が成立する地域は，年平均気温が約20℃を超える熱帯地方である。熱帯地方に成立する草原はサバンナであり，イネ科の草本が優占しているが，アカシアなどの樹木が点在している。本問は，アカシア以外の選択肢の植物が，日本にも生育する代表的な樹木となっており，消去法により解答することができる設問である。

139　世界のバイオームと土壌有機物
　　　問1　②　　　問2　③

> **解説 ▶** 問1　aの地域は落葉・落枝供給量が多いにも関わらず，土壌中の有機物が少ないことから，土壌中の分解者が活発で有機物の分解速度が大きいと考えられる。一方，cの地域は落葉・落枝供給量が少ないにも関わらず，土壌中の有機物が多いので，分解者による分解速度が小さいと考えられる。

問2　分解者による分解速度は，気温の高い地域ほど大きくなることから，3つのバイオームについて，aが最も気温の高い地域，cが最も気温の低い地域に成立するバイオームである。

　アは夏緑樹林，イはツンドラ，ウは熱帯多雨林と考えられるので，aがウ，bがア，cがイに対応すると考えられる。

140　日本のバイオーム(1)
　　　⑥

> **解説 ▶** 平野部であれば，夏緑樹林は東北地方などから北海道の南西部に分布しているが，本問では平野部という条件がないので，標高が高い場所も含めてよい。すると，②～⑤の地域についても標高の高い場所には夏緑樹林が成立している。しかし，沖縄には夏緑樹林が成立するような標高の高い山がなく，沖縄には夏緑樹林が分布していない。

141 日本のバイオーム(2)
　　②

解説▶ 　日本の照葉樹林の代表的な高木は，スダジイ，アラカシ，タブノキ，クスノキなどである。本問はこれだけで②が正しいことが決まる。なお，照葉樹林の代表的な低木はヤブツバキ，アオキなどである。

　選択肢のブナとミズナラは夏緑樹林の代表種，ハイマツは高山帯の低木林の代表種である。また，アカマツは本州から九州にかけて生育する代表的な樹木だが，陽樹なので天然林（自然林）においては優占していない。

142 日本のバイオーム(3)
　　①

解説▶ 　本州中部の標高2000 m以上の地域には，**針葉樹林，高山帯の低木林と高山草原**が成立している。これらのバイオームの代表種を選べばよい。シラビソ，コメツガ，トウヒなどは亜高山帯に成立する針葉樹林の代表種，ハイマツは高山帯の低木林の代表種であり，①が正解となる。

　なお，エゾマツも針葉樹林の代表種だが，エゾマツは北海道に生育する樹木であり，本州の亜高山帯には生育していない。

143 日本のバイオーム(4)
　　②

解説▶ ①　北海道東北部の針葉樹林にアカマツは生育しておらず，誤り。
②　夏緑樹林のように冬季に落葉する樹木が優占する森林では，早春には上層に葉がなく比較的強い光が林床に届く。夏緑樹林の林床に生育するカタクリは，早春に芽を出し，高木層を形成する樹木の葉が茂るまでの間に盛んに光合成を行い，栄養分を地下部に蓄え，その年の活動を終える。よって，②は正しい。
③　コルクガシは硬葉樹林の代表種であり，誤り。
④　マングローブを形成する樹木はヒルギであり，誤り。

62　第4章　植生の多様性と分布

144

　　　問1　⑥　　問2　⑥　　問3　③

解説▶　問1　　ア　について，選択肢のタブノキとスダジイは照葉樹林の代表
種，ブナとミズナラは夏緑樹林の代表種である。照葉樹林の樹木は常緑樹であり，
葉が複数年の寿命をもつのに対して，夏緑樹林の樹木は落葉樹であり，葉の寿命が
1年未満である。よって，図1より**照葉樹林の樹木の方が葉の寿命が長いため，葉
の厚さが厚い**ことがわかる。

問2　図2について，実線が陰樹，点線が陽樹のグラフである。光の強さがAのとき，
陰樹の見かけの光合成速度が正になっていることから，⑥が正しい。

問3　実験1において，持ち帰った土から葉，茎，根を取り除いていることから，2ヶ
月後に**観察された芽ばえは土の中にあった種子が発芽したもの**である。また，ここ
で生じた芽ばえは極相林の主要な構成種ではないことから，**陽樹**であったと考えら
れる。そして，**実験2において記録された樹木種の大部分は実験1で芽生えた樹木
種と共通**なので，陽樹であることがわかる。

　　①・②・④の記述では，いずれも下線部(c)の樹木種が陰樹ということになってし
まうため，誤りである。

145

　　　問1　②，③　　問2　ア-③　イ-④　ウ-②　エ-①
　　　問3　④　　問4　③

解説▶　問1　②　この島の遷移は，溶岩が冷え固まった場所から始まっているた
め一次遷移であり，誤り。

　③　コケ類や地衣類の方が草本類よりも先に定着するので，誤り。

問2　島に新たな生物種が移入する際，島に生息する種数が多く，空いている空間が
少なかったり，天敵や競争関係にある種が多く存在していたりするほど移入して定
着しにくくなる。よって，移入種数のグラフは生息種数が多くなるほど減少してい
るアとウのグラフである。また，**大陸から近い島の方が島に到達できる生物が確率
的に多くなり，移入種数も多くなる**ので，アが③，ウが②のグラフである。

　　生息種数が同じ場合は，小さい島の方が生活空間などが不足して絶滅する種数が
多くなると考えられる。よって，イが④，エが①のグラフである。

問3　問2の設問文中にある通り，島の種数は絶滅種数と移入種数がつり合って，一
定数になる。①の「大陸から近くて，小さな島」の安定な種数は，**大陸から近い島
の移入種数のグラフであるアと小さな島の絶滅種数のグラフであるイの交点の種数**
である。

　　同様に②はイとウ，③はアとエ，④はウとエの交点の種数となる。これらの種数

の関係は「③>①>④>②」となる(下図を参照)。

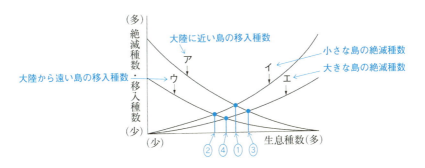

問4 「生物種数の豊かな都市公園」を造りたいので，図1の島の種数が最も多くなる条件に対応させて考えればよい。この場合，**都市公園が島に，自然林が大陸に対応する**ので，都市公園の位置を自然林から近くして，面積を大きくすることで生息種数を多くすることができると考えられる。

146

問1 ① 問2 ③

解説 問1 極相林では，陰樹が優占しており，その後も基本的に陰樹が生育し続けるので，種の構成が大きく変化しない安定な状態になっている。
ギャップが形成される場合などがあり，②は誤り。

問2 浮葉植物の被度の違いによって，水深50cmでの光強度が大きく異なっていることから，池の中の環境が生物に影響されていることがわかる。また，古い池では植物の枯死体が堆積することで水深が浅くなっており，これも池の中の環境が生物に影響されていることを表しているといえる。
一方，植物の枯死体の堆積によって**水深が浅くなると浮葉植物が生育できるようになる**。そして，浮葉植物によって水中の光強度が低下したことで，沈水植物が光合成を行えなくなり生育できなくなっており，池の環境の変化に応じて植物種が交代していると考えられる。

147

問1 ②，⑦ 問2 ④

解説 問1 ①〜③ 例えば，年平均気温が20℃を上回る熱帯地方を見てみると，年有機物生産量は，「熱帯・亜熱帯多雨林>雨緑樹林>サバンナ>砂漠」と

64　第4章　植生の多様性と分布

いう関係になっている。つまり，年降水量が少ないバイオームほど有機物生産量が小さくなっているので，②が正しい。
④〜⑦　各バイオームの有機物生産量の大小関係を比較すると，硬葉樹林より雨緑樹林の方が有機物生産量が大きいので，⑦が正しいことがわかる。

問2　有機物生産量の棒グラフの目盛りを大雑把に読み取って計算すればよい。熱帯・亜熱帯多雨林の有機物生産量は約 $2.1(kg/m^2・年) = 2100(g/m^2・年)$ である。

よって，生産者の吸収する窒素量は，$2100 \times \dfrac{0.7}{100}$ によって求められ，最も近い値が④の15gとなる。

148

問1　②　　問2　②
問3　極相林の名称 − ④　バイオーム − ③　　問4　③，⑤

解説▶　干拓地の成立年代は，その場所において遷移が始まったタイミングと考えられる。よって，現在を2020年とすると，2020−1893＝127なので，**aの調査地は遷移が始まってから127年目であり，アカマツが優占種の陽樹林（アカマツ林）**と考えられる。同様に考えると，cの調査地は遷移が始まってから388年でアカマツ・タブノキ林，dの調査地は遷移が始まってから441年目でタブノキ林，gの調査地は遷移が始まってから1250年目でスダジイ林である。
　この地域の遷移開始からの経過年数と森林の種類の関係を模式的に示したものが下図である。

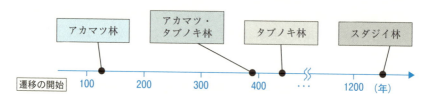

問1　遷移が始まってから127年の段階であるaの森林にはまだ生育しているが，dやgの森林では生育しなくなっているアカマツ，アカメガシワ，ススキは陽生植物と考えられる。また，**gの森林の低木層や草本層に生育しているタブノキ，サカキ，スダジイ，ジャノヒゲ，ヤブコウジは陰生植物**と考えられる。
問2　上図より，遷移の開始から127年の段階ではアカマツ林（陽樹林），388年の段階ではアカマツ・タブノキ林（混交林），441年の段階ではタブノキ林（陰樹林）である。よって，陽樹林の成立から陰樹林に遷移するのに要する時間は，長くて441−127＝314年であり，短くても388−127＝261年より長いことが読み取れる。この条件を満たす選択肢は，②である。

問3 gの森林は極相林と考えられる。スダジイが優占種となるバイオームは照葉樹林である。

問4 ③ 極相林になる過程で，陽生植物が生育できなくなっていく。よって，**極相林で生育する植物の種類数は陽樹林の段階よりも少なくなる。**

⑤ ギャップには土壌が存在しているので，**ギャップの更新は二次遷移**である。

第4章 植生の多様性と分布

66 第 5 章　生態系とその保全

第5章 ｜ 生態系とその保全

149 作用と環境形成作用
②

解説 ▶ **非生物的環境が生物に影響を及ぼすことが作用**，これとは逆に，**生物が非生物的環境に影響を及ぼすことが環境形成作用**である。
① 温度の上昇によって生物の分布が変化しており，作用については記述されているが，環境形成作用については記述されていない。よって不適。
② 栄養塩の増加によって植物プランクトンが増殖しており，これは作用についての記述である。植物プランクトンの大発生によって夜間の酸素濃度が減少しており，これは環境形成作用についての記述である。よって適当。
③ 生物どうしの相互作用についてのみの記述である。よって不適。
④ 有害物質の排出の規制や禁止は，作用や環境形成作用ではない。よって不適。
⑤ 光合成によって非生物的環境に酸素を供給することは環境形成作用であるが，作用についての記述がされていない。よって不適。

150 食物連鎖(1)
④

解説 ▶ ミツバチが花の蜜を餌にしていることから，植物食性動物であることがわかる。他の生物はどれも動物食性動物である。

151 食物連鎖(2)
②

解説 ▶ ①階層構造は森林の垂直方向の層状構造，③垂直分布は標高の違いに対応したバイオームの分布のこと，④物質循環は生態系内を炭素や窒素といった物質が循環することである。

67

152 分解者
③

解説▶ **分解者**は**消費者の一種**であり，光合成のような炭酸同化は行えないため，二酸化炭素を吸収しない。酸素の多い環境で，分解者は土壌中の有機物を呼吸によって分解し，自身の生命活動に使う ATP を合成している。このとき，**有機物を細胞に取り込み，酸素を吸収して用いて呼吸が行われるため，二酸化炭素と水が生じる**。また，増殖する際には DNA を合成する。

153 生産者と消費者
③

解説▶ 生産者である植物や藻類などは，光合成だけでなく呼吸も行っている。

154 炭素の循環
③

解説▶ 呼吸は二酸化炭素を放出する反応なので，海水中の二酸化炭素に向かうイ・ウ・エの矢印が呼吸を表す。一方，光合成は生産者が二酸化炭素を取り込む反応なので，海水中の二酸化炭素から生産者に向かうアの矢印が該当する。

155 窒素循環(1)
③

解説▶ 窒素を含む有機物としては，**タンパク質・核酸・ATP** などがある。選択肢中の**フィブリン**は**血液凝固に関わるタンパク質**，**アルブミン**は**代表的な血しょうタンパク質**，**カタラーゼ**と**リゾチーム**は**酵素なのでタンパク質である**。

① セルロースは炭水化物であり窒素を含まない。
②・④ 硝酸イオン(NO_3^-)は窒素を含んではいるが，無機物である。

第5章 生態系とその保全

156 窒素循環(2)

③

解説 ▶ 生態系における窒素の循環を模式的に示したものが下の図である。

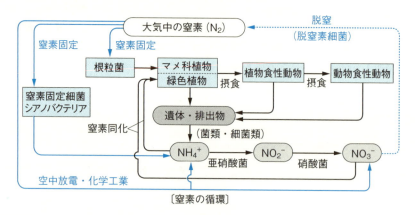

〔窒素の循環〕

- ア ：グルコースは炭水化物であり，窒素を含まない。よってタンパク質が入る。
- イ ：大気中の窒素分子から無機窒素化合物をつくる反応は窒素固定であり，イ には窒素固定を行える根粒菌が入る。なお，硝化細菌はアンモニウムイオン（NH_4^+）を硝酸イオン（NO_3^-）に変換する反応に関わる亜硝酸菌と硝酸菌の総称である。
- ウ ：土壌中の NO_3^- を窒素分子にする反応は脱窒といい，脱窒素細菌によって行われている。

157 窒素循環(3)

①

解説 ▶ ② 硝化細菌は NH_4^+ を NO_3^- に変換する細菌なので，誤り。
③ 脱窒素細菌は NO_3^- を窒素分子にする細菌なので，誤り。
④ 窒素固定は，根粒菌・アゾトバクターなどの一部の原核生物しか行えないため，誤り。

158 エネルギーの流れ(1)
②

解説▶ 物質は生態系内を循環する。一方，エネルギーは循環せず，生態系内を流れるだけである（下図）。

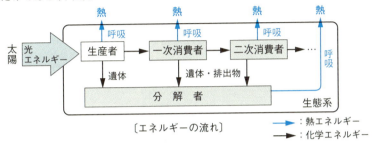

159 エネルギーの流れ(2)
③

解説▶ 158 の解説中の図にあるように，生産者が光エネルギーを取り込んで有機物を合成することで化学エネルギーに変換し，食物連鎖を通じて生物間を次々に移動していき，最終的には熱エネルギーとして生態系の外へと出ていく。

160 生態系のバランス(1)
④

解説▶「環境が変化したが，復元力によってもとに戻った」という内容になっている記述を選択する。
① オオカミの個体数の減少が原因で，シカが食べる植物が絶滅してしまっており，もとに戻せていない。誤り。
② オオカミの個体数を戻すために人為的にオオカミを導入しており，復元力についての記述ではない。誤り。
③ 森林伐採によって植物の生息が困難な状態になってしまっており，もとに戻せていない。誤り。
④ ウンカの個体数が増加したが，捕食者による捕食によりもとに戻ったことについての記述であり，復元力によってもとに戻ったという内容である。

161 生態系のバランス(2)
④

解説▶ シャチの捕食によってラッコの個体数が減少した後の変化について，順を追って考察していけばよい(下図)。

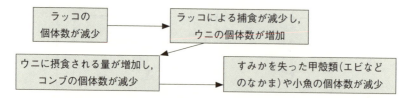

このように，生態系において**直接的な捕食−被食の関係にない**生物であっても他の**生物を介して影響を与える**場合がある。また，本問の生態系ではラッコが**キーストーン種**となっており，ラッコの個体数が減少することにより種の多様性が大きく低下してしまうことがわかる。

162 富栄養化
①

解説▶ 湖沼や内湾，内海に生活排水などが大量に流入し，栄養塩類(←窒素やリンなどを含むイオン)が増えることを富栄養化という。富栄養化が起こると，水面近くで植物プランクトンが異常に増殖し，湖沼ではアオコ(水の華)，内湾や内海では赤潮が発生する。

赤潮やアオコが発生すると，水中に届く光の量が減少し，水生植物などが生育できなくなる(③は正しい)。また，**増殖した植物プランクトンの死骸の分解に大量の酸素が消費されることで水中が酸素不足となり，魚などの生物の大量死を招くことがある**(②は正しい)。また，赤潮の原因となる植物プランクトンが魚のエラにつまり魚が窒息死する場合もある(④は正しい)。

163 外来生物(1)
②

解説▶ 人間の活動によって本来の生息場所から別の場所へ移されて定着した生物を外来生物という。

代表的な外来生物の動物としてはオオクチバス・ブルーギル・フイリマングース・グリーンアノール・ウシガエル・アメリカザリガニなどが，植物としてはセイヨウタ

ンポポ・セイタカアワダチソウ・シナダレスズメガヤなどがある。

外来生物の中には，シロツメクサ・オオイヌノフグリのように日本の生態系に対して害を及ぼさないものもある。一方，**生態系のバランスを崩したり，人間の生活に影響を与えたりするものも多く，**このような外来生物は特に侵略的外来生物と呼ばれる。**特定外来生物**に指定された生物は，飼育や栽培・輸入などの取り扱いが原則として禁止されており，駆除の対象となっている。

164 外来生物(2)

②

解説 ▶ **メダカは日本の在来種であり，絶滅危惧種**に指定されている。日本の絶滅危惧種には，アマミノクロウサギ・ツシマヤマネコ・マリモなどがある。

165 生物濃縮(1)

⑥

解説 ▶ **食物連鎖を通して，特定の物質が高濃度で生体内に蓄積する現象を生物濃縮という。**DDT や有機水銀が生物濃縮をする物質の代表例である。

生物濃縮では栄養段階が上位の生物ほど体内での物質濃度が高くなるため，動物食性動物のオオカミの体内の物質Xの濃度が最も高く，生産者となる地衣類での濃度が最も低くなる。

166 生物濃縮(2)

②

解説 ▶ ① 生物濃縮が起こると高次消費者ほど濃度が高くなり，重大な影響を受けることがある。DDT の生物濃縮により猛禽類の個体数が減少したことや，有機水銀の生物濃縮によりヒトに影響が出たことからも，正しいことがわかる。

② プランクトンからイワシへは約1.4倍に，イワシからイルカへは約54倍に濃縮されており，濃度上昇の割合が一定とはいえず，誤り。

③・④ **体内で分解されにくく，体外に排出されにくい物質で生物濃縮が起こりやすい。**また，一般に高次消費者ほど寿命が長いため，長期間にわたって物質を取り込み続けることで，高濃度になりやすい。

第5章 生態系とその保全

72　第5章　生態系とその保全

167 里山の保全
⑤

解説 ▶ 里山は，人里の近くの雑木林，田畑，ため池や水路などが存在する一帯のことである。**里山の生態系は，人間による適度な撹乱により多様性を維持されており，絶滅危惧種などを含む多くの生物が生息している。**里山の水路はメダカなどの魚や両生類の生息場所であったが，コンクリートで補修されたことで生息場所が失われ，メダカなどの個体数が減少してしまった。

168 地球温暖化
②

解説 ▶ **二酸化炭素やメタンは代表的な温室効果ガスである。**大気中の二酸化炭素濃度は，夏季に低下し冬季に上昇するという変動をしながら徐々に高まってきており，**現在では約400ppm（＝0.04%）となっている。**

169 人間の活動の影響
⑦

解説 ▶ 人間の活動によって生態系のバランスが崩れることについて，内容の正しい記述を選ぶ。
ⓐ　放牧を行う地域は荒原ではなく草原の状態が維持されるので，誤り。
ⓑ　里山の雑木林は陽樹が優占するので誤り。
ⓓ　高山帯に低木林しかみられない原因は気候条件によるもので，人間の活動が原因ではない。誤り。

170
　　問1　ヒトデ—③　紅藻—①　カサガイ—②
　　問2　④　　問3　①，④

解説 ▶ 問1　紅藻は藻類であり光合成を行うことができる生産者である。カサガイは生産者である紅藻を食べていることから一次消費者である。ヒトデは動物食性動物であることがわかるので，高次消費者である。
問2　生物どうしの競争は食物以外に生活空間などをめぐるものもあるが，本問では食物をめぐる競争が起こるかどうかを検討すればよい。**食物をめぐる競争は同じ餌**

を食べている生物どうしで起こる。すると、イボニシとイソギンチャクは同じ餌を食べておらず、食物をめぐる競争は起こりえないことがわかる。

問3　ヒトデを除去することで生態系の単純化が進んだことから、ヒトデはこの生態系のキーストーン種であることがわかる。161 と同様に、ヒトデを除去した後にどのようなことが起こるかについて、順を追って考えていけばよい。

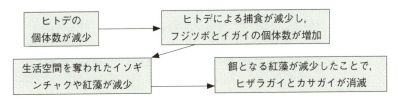

以上より、ヒザラガイとカサガイの両方ともが消滅した原因は競争ではなく、餌となる紅藻がほとんど姿を消してしまったことが原因であり、①は誤り。**固着生物であるフジツボ、イガイといった消費者と生産者である紅藻は生活空間をめぐる競争関係にあるので**、③は正しい。ヒトデを除去したことで生態系が単純化しているので、ヒトデの存在によって生態系の多様性が維持されていたことがわかり、④は誤りとなる。

171

問1　①, ④　　問2　②

解説 ▶ 問1　「生態系が大気中の二酸化炭素濃度を減少させる効果がある」ということは、次のような関係式が成立していることを意味する。

　　　　生態系が(光合成で)取り込む CO_2 ＞生態系が(呼吸で)放出する CO_2

この式は、次のように言い換えることができる。

　　　　生態系が(光合成で)放出する O_2 ＞生態系が(呼吸で)取り込む O_2 … ④
　　　　　　光合成で合成した有機物＞呼吸により分解した有機物

3つ目の不等式をさらに言い換えると、生態系内の有機物量が年々増加する(①)ということになる。

問2　これをエネルギーの流れから考察すると、光合成により合成した有機物の化学エネルギーの一部が生物の成長などの形で生態系内にとどまり、熱エネルギーとして失われないのであればよい(②)ことになる。

74 第5章 生態系とその保全

172

問1 ③　　問2 ④　　問3 ②

解説 ▶ **問1** 水の汚染の程度を表す指標である **BOD** は，**水中の有機物量が多く汚染された水ほど大きな値**となる。

問2 希釈前の排水中の細菌の密度を x(個/mL)とすると，顕微鏡で観察した液体は排水を100倍に希釈しているので，細菌の密度は，

$$x \times 10^{-2} (個/mL)$$

である。さらに，$1\,mL = 10^3\,mm^3$ なので，観察した液体中の細菌の密度は，

$$x \times 10^{-5} (個/mm^3)$$

である。

　顕微鏡で観察したスライドガラスに刻まれている1つのくぼみの体積は，

$$0.05 \times 0.05 \times 0.1 = 2.5 \times 10^{-4} (mm^3)$$

であり，この中に細菌が6.0個存在していたことから，次の式が成立する。

$$x \times 10^{-5} = \frac{6.0}{2.5 \times 10^{-4}}$$

この式を解くと，

$$x = 2.4 \times 10^9 (個/mL)$$

となる。

問3 問2では直接的に細菌の数を数えているが，数えた細菌がすべて生きているかどうかはわからない。そこで，寒天培地の上に排水を希釈した液体をまいて，増殖した塊(集落)の数を数えることで，生きている細菌が何個体いたかを調べることができる。

　排水中の生菌の密度を y(個/mL)とすると，これを10倍に希釈する操作を5回繰り返し，その液体を $0.1\,mL$ 寒天培地にまいているので，寒天培地にまいた生菌数は，

$$y \times 10^{-5} \times 0.1 = y \times 10^{-6} (個)$$

である。これが，35個であるので，次の式が成立する。

$$y \times 10^{-6} = 35$$

よって，

$$y = 3.5 \times 10^7 (個/mL)$$

となる。

173

③

解説 ▶ 河川に有機物を多く含む汚水が流入すると，流入した有機物を分解する細菌が増殖する。これは地点2で細菌の量が多いことからもわかる。分解者である細菌によって有機物が分解されると無機塩類(NH_4^+)が生じる。本問で考える藻類はこの無機塩類を利用するが，細菌が増殖したことで水が濁っており，十分な光が水中に届かなくなっているため，藻類は生育できず，その量は地点1よりも地点2で減少する。

その後，増殖した細菌が原生動物（ゾウリムシ，アメーバなどのなかま）によって捕食されて減少するにつれ，水の透明度も回復し，多量に存在している無機塩類をつかって藻類が増殖する。よって，地点3は藻類の量が非常に多くなる。

その後，無機塩類の減少とともに藻類の量も減少していき，地点1とほぼ同じ量に戻る。このように，自然の力によって環境変化をもとに戻す作用は自然浄化という。

第5章

生態系とその保全

MEMO

MEMO

MEMO

MEMO

〔大学入学共通テスト 生物基礎 実戦対策問題集 別冊〕伊藤和修